レザークラフターのための
革漉き機と工業用ミシン
上級セットアップ

監修 勝村 岳 Gak. Leather works

STUDIO TAC CREATIVE

CONTENTS

革漉き機 ... 3

SECTION.1 漉き機をベストな状態に導く、点検とセットアップ ... 6
1. 「送りロール」の点検とセットアップ ... 6
2. 「押え金」の平行確認とセットアップ ... 18
3. 「丸刃」の点検とセットアップ ... 23
4. 「各種ベルト」の交換手順 ... 30
5. 「丸刃」の研ぎ手順 ... 33

SECTION.2 トラブルを未然に防ぐ、応用操作マニュアル ... 36
1. 基本操作・調整手順の確認 ... 36
2. 通常の「斜め漉き」と、精度の高い「斜め漉き」 ... 41
3. 精度の高い「段漉き」 ... 50
4. パーツの四辺を漉く際のトラブルと解決策 ... 56
5. 精度の高い「中漉き」 ... 58
6. 「押え金」の加工 ... 62
7. 「ニトフロンテープ」の貼り方 ... 67
8. 精度の高い「ベタ漉き」 ... 72
9. 「薄いベタ漉き」の手順 ... 77
10. 「柔らかい革」の漉き方 ... 80
11. 「厚い革」の漉き方 ... 84

工業用ミシン ... 87

SECTION.1 ミシンをベストな状態に導く、初期セットアップ ... 90
1. 注油のポイント ... 90
2. 針のセットと、針と釜のタイミング ... 95
3. 針と釜のタイミング調整 ... 98
4. 送り足と押え足のセットアップ ... 113
5. 押え圧力の調整と、送り傷の対処方法 ... 119

SECTION.2 特殊な押えの使い方 ... 128
1. 「ファスナー用押え」 ... 128
2. 「爪付き押え」 ... 131
3. 「玉縁用押え」 ... 132
4. 「手紐押え」 ... 138
5. 「バインダー(ラッパ)」 ... 140

SPECIAL TIPS「厚みが変わる縫製物の糸調子」 ... 142
監修者紹介 ... 143

革漉き機

革漉き機が1台あれば、趣味のレザークラフトの可能性を大きく飛躍させることができる。しかし、漉き機は本来、革漉きを本業とする職人や革製品を製造する職人が扱う機械であり、簡易的な整備や細かい調整は主に、これを扱う者に委ねられてきた。ここでは、製造現場で漉き機を扱ってきた監修者が経験から習得した、整備や調整の技術を解説する。

CAUTION 警告

■この本は、習熟者の知識や作業、技術をもとに、編集時に読者に役立つと判断した内容を記事として再構成し掲載しています。そのため、あらゆる人が本書で紹介している作業を成功させることを保証するものではありません。よって、出版する当社、株式会社スタジオ タック クリエイティブ、および取材先各社では作業の結果や安全性を一切保証できません。作業により、物的損害や傷害を受ける可能性や、死亡する可能性があります。その作業上において発生した物的損害や傷害、死亡事故等について、当社では一切の責任を負いかねます。すべての作業におけるリスクは、作業を行なうご本人に負っていただくことになりますので、充分にご注意ください。

■本書で紹介している作業を実践する前に必ず、製品に付属する取扱説明書の「安全上のご注意」及び、「安全についての注意事項」等、安全に関わる項目を全てお読みください。

■本書で紹介しているセットアップやメンテナンスを実践する際は必ず、安全のために本体の電源スイッチを切り、電源プラグをコンセントから抜いてください。

■写真や内容が一部実物と異なる場合があります。

漉き機の主要各部名称

以降の解説では、「株式会社ニッピ機械」の普及型革漉き機「NP-2」を使用する。ここでは、各解説時に使用する漉き機の主要各部の名称を、可能な限りメーカーの呼称に準じて紹介する。

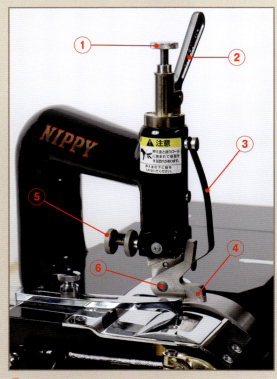

⑦ 定 規

⑧ 作動板（B）

⑨ 作動板（A）

⑩ 丸 刃

① 厚さ調整ネジ

② 押えハンドル

③ 板バネ

④ 押え金

⑤ 調整ネジ（押え金の角度調整用）

⑥ 押え金止めピン

⑪ 調整棒（グラインダーの位置調整用）

⑫ ウォームツマミ（丸刃の位置調整用）

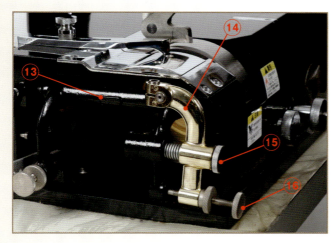

⑬ 送り支え枠
⑭ 送り調整レバー
⑮ 引っ張りネジ
⑯ 調整ネジ（送りロールの角度調整用）

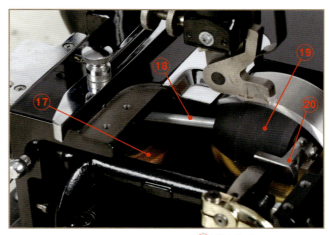

⑰ グラインダー
⑱ 送りジョイント
⑲ 送りロール
⑳ 送り支え

㉑ センターピン
㉒ センター止めネジ
㉓ スプリング張り調整レバー
㉔ 調整ネジ（送りロールと丸刃の間隔調整用）
㉕ レバー掛け

SECTION.1

漉き機をベストな状態に導く、点検とセットアップ

回転する「丸刃」へ向けて「送りロール」で革を送り、送る革を上から「押え金」で押さえ、革の床面を漉く。漉き機で革を漉く一連の流れは至ってシンプルだが、狙い通り正確に革を漉くためには、各部の細かい調整以前に、漉き機がベストな状態でなければならない。ここでは、漉き機をベストな状態にするための点検とセットアップの方法を解説する。

1.「送りロール」の点検とセットアップ

漉く革を丸刃へ向けて送る「送りロール」は、漉き機の中で重要な役割を担う機構の一つ。取り付けが不適切で「ガタがある」「他の部位と接触・干渉する箇所がある」等の不具合があると、その動きにブレが生じてスムーズに革を送れず、漉きムラやトラブルの原因となる。調整を重ねても狙い通りに革が漉けないという場合はまず、送りロールに問題が無いか確認しよう。

「送り調整レバー」の付け根をつかみ、本体を正面から見た状態で左右に動かして横方向のガタを見る。少しでも動くようであれば取り付けが不適切なので、以降の手順で修正する

漉き機をベストな状態に導く、点検とセットアップ **SECTION.1**

作動板（B）の取り外し

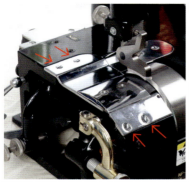  

01　「作動板（B）」を本体に固定する4本のネジ（左写真の矢印で表したネジ）を、ドライバーで緩めて全て取り外す

02　作動板（B）を取り外す

送り支え枠の取り外し

03　「スプリング張り調整レバー」を掛ける、「レバー掛け（矢印で表したピン）」の位置を確認する

04　スプリング張り調整レバーを「送り支え枠」から外し、**03**で表したレバー掛けに掛けかえる

1.「送りロール」の点検とセットアップ

05 「センター止めネジ」を緩め、「センターピン」のロックを解除する

06 送り支え枠を外す際、送りロールに連結する「送りジョイント（左写真の矢印で表したシャフト）」が落下し、丸刃に当たって刃をこぼす恐れがあるため、右写真のように送り支え枠と送りジョイントを同時に支える

07 送り支え枠と送りジョイントを同時に支えた状態のまま、センターピンを後方に引き抜く。送り支え枠を後方へずらし、右写真の矢印で表した支点となるネジ先端の突起から、送り支え枠を引き離す

08 送りジョイントと共に、送り支え枠を本体の内側から取り出す

POINT

送り支え枠と同時に支える送りジョイントは、写真のように人差し指と中指で挟むと良い。丸刃で指先を切る恐れがあるため、初めて送り支え枠を外す方や慣れない方は、丈夫な手袋の装着を推奨する

CHECK

取り外した送り支え枠は、本体を正面から見た状態で左写真のように組み込まれている。送り支え枠の手前にある筒状の箇所に「送り支え」のシャフトが通り、その先端を送り調整レバーのクランプ（右写真の矢印で表した箇所）で固定している

1. 「送りロール」の点検とセットアップ

送りロールの角度修正と、横方向のガタ取り

09 送り調整レバーの付け根、送り支えのシャフトの端を固定するクランプの六角ネジを、六角レンチで軽く緩める。このネジを緩めることで送り支えがフリーになり、送りロールの角度修正も可能となる

10 送りロールと送り支え枠を平行に揃える。この時、送りロールの角度を変えている場合は「調整ネジ」をリセットし、送り調整レバーと送り支え枠も平行に揃えて初期状態を作る

11 送りロールと共に送り支えを押し込み、反対側で送り調整レバーを押し込んでガタ（隙間）を無くす。ガタを完全に無くした状態で、送り調整レバーのクランプのネジをしっかりと締める

送りロール縦方向のガタ取りと、送りロールの交換

12 送りロールを矢印の方向へ動かし、本体設置状態における縦方向のガタ(動き)を確認する。ガタがある場合や送りロールの面が荒れている場合は、修正・送りロールの交換をする

13 送り支えに「切屑取り」が付いている場合は、矢印で表した箇所のネジを外し、その機構一式を取り外す

14 **13**で表したネジをドライバーで緩めて外し、切屑取りを固定する部品ごと切屑取りを取り外す

15 送り支えにある送りロール中心の「送りピン」を固定するネジ(左写真の矢印で表したネジ)をドライバーで緩め、送りロールを送り支えから引き抜いて取り外す。送り支えと送りロールの間には「ワッシャー」が入っているので、これを失くさないよう確実に回収しておく

1.「送りロール」の点検とセットアップ

左写真は、送りロールを取り外した状態。右写真は、交換が可能な送りロールの種類。左のゴムから石、鉄の順に送り能力が高くなるが、それぞれメリットとデメリットがあるため、用途に合わせ適切な物を選ぶ必要がある

送りピンの送り支え固定部には注油穴があり、その穴はピン中心の穴につながっている。送りピンを固定する際は必ず、双方の穴位置を揃える。送りピンの摺動面を確認し、サビや摩耗、酷く焼き付いた跡等がある場合は、新品交換を推奨する

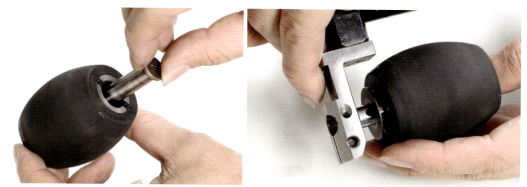

16　送りロールの中心に送りピンを通し、ワッシャーを介して送り支えの穴に送りピンの先を収める

SECTION.1 漉き機をベストな状態に導く、点検とセットアップ

17 送りピンの頭にある溝にドライバーを合わせ、送り支えに収めた送りピンを押し込む。送りピンをドライバーで回転させ、前頁の"POINT"で表した注油穴を揃える

18 送りピンの差し込み具合によって送りロールの回転が制御されるため、送りロールが抵抗なくスムーズに回転し、なおかつ **12** で確認したガタを無くした状態で送りピンを固定するネジを締める

送り支え枠の取り付け

19 送りジョイントを本体の連結部へ確実に合わせ（2本の突起を連結部の溝に収める）、送りジョイントの反対端を送りロールに合わせて、送り支え枠を本体の内側に収める

1. 「送りロール」の点検とセットアップ

20 送り支え枠の手前側の端の穴と、本体にある支点となるネジ先端の突起を揃える

21 本体後方からセンターピンを差し入れ、送り支え枠の奥の穴まで通す

POINT

21でセンターピンを差し入れる際は、その側面にある切り欠きをセンター止めネジ側に合わせる

22 センターピンを奥までしっかりと押し込み、センター止めネジを締める

漉き機をベストな状態に導く、点検とセットアップ　SECTION.1

CHECK

送り支え枠は、センターピンの先端（左写真）と本体にあるネジ先端の突起（右写真）で保持される。センターピンの押し込みが甘いとガタが出るので、必ずセンターピンを確実に押し込んだ状態でセンター止めネジを締める

送り支え枠を取り付けた後は、枠の中心を持って前後方向に動かす力を入れ、ガタが無いことを確認する

23

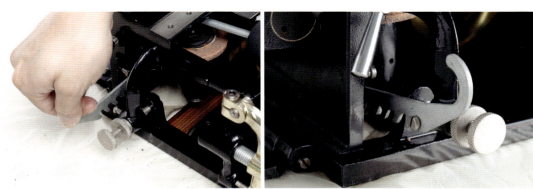

24 スプリング張り調整レバーをレバー掛けから外し、送り支え枠のレバー掛けに掛けかえる。テンションは実際に漉く革によって変更するため、ここでは一番弱い（右写真の）状態にしておく

1.「送りロール」の点検とセットアップ

25 送り調整レバーの動きにガタが出ない程度に、「引っ張りネジ」を調整してテンションを掛ける

26 送りロールと丸刃の間隔を確認し、丸刃の内面と送りロールの表面が平行に揃っていない場合は、平行に揃える

27 送り調整レバーの調整ネジを操作し、丸刃の内面と送りロールの表面を平行に揃える。次に、送り支え枠の後方にある調整ネジを操作し、送りロールと丸刃の間隔を"触れるか触れないか"に調整する

作動板（B）と送りロールの干渉

28 作動板（B）を取り付ける際は、送りロールと作動板（B）が干渉しないかを確認する。右写真の矢印で表した箇所のように、干渉する箇所がある場合は、送りロールの前後位置を以降の手順で調整する

漉き機をベストな状態に導く、点検とセットアップ SECTION.1

29 作動板（B）を取り外し、送り支え枠手前側の支点となるネジを固定するロックナットをオープンレンチで緩める

作動板（B）を本体に仮合わせする。本体の外側から支点となるネジをドライバーで回し、送り支え枠を手前にずらすことで、送りロールの位置を作動板（B）と干渉しない位置に調整する。**28**の右写真、送りロールの奥側が作動板（B）と干渉する場合はネジを緩め（左に回し）、突起を本体の手前へずらすことで送りロールの位置を手前に動かす **30**

送りロールを適切な位置に調整したら、仮合わせした作動板（B）を取り外す。調整したネジが回らないようドライバーで固定し、**29**で緩めたロックナットをオープンレンチでしっかりと締める。この調整で送り支え枠の位置が変わるため（新たにガタが出る）、**22**～**27**の工程を再度行なう **31**

2.「押え金」の平行確認とセットアップ

漉く革の厚みや幅、面積の調整を担う「押え金」は、直前の送りロールと同様、漉き機の中で重要な機構の一つである。この押え金は、漉く革を送る際にブレが生じないよう、前後左右に動く余地を一切残さずに取り付けることはもちろん、丸刃の側面（刃先のライン）に対し、常に平行に取り付けることが重要となる。

丸刃の側面と押え金の側面は、上写真のように常に平行でなければならない。下写真のように押え金の前後で丸刃との間隔に違いがある場合は（2つの矢印で表した箇所の、間隔の違いを参照）、即ちそれぞれの側面が平行ではないので、平行に修正する必要がある。丸刃の側面と押え金の側面を平行に揃えていないと、革を漉く際に重要となる押え金と刃先の間隔にも"ズレ"が生じ、結果として漉きムラやトラブルの原因となる

POINT

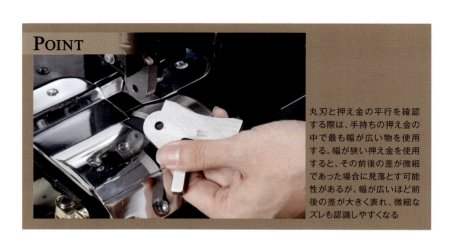

丸刃と押え金の平行を確認する際は、手持ちの押え金の中で最も幅が広い物を使用する。幅が狭い押え金を使用すると、その前後の差が微細であった場合に見落とす可能性があるが、幅が広いほど前後の差が大きく表れ、微細なズレも認識しやすくなる

漉き機をベストな状態に導く、点検とセットアップ　SECTION.1

押え金の取り付け

01 丸刃と押え金側面の平行を確認するため、幅が広い押え金を取り付ける。押え金を取り付ける際は、「押え金ホルダー」と押え金の接触面をウエス等で丁寧に拭き、革の切屑等の異物を確実に取り除く。押え金の取り付け時に接触面で異物を噛んでしまうと、その異物の厚み分、押え金の取付角度にズレが生じてしまう

02 押え金とホルダーに「押え金止めピン」を通し、ピンの先端へ「錠」を掛けて「締付ネジ」をしっかりと締め込む。押え金の前後の動きを制御する「板バネ」を、確実に押え金へ掛ける

押え金の平行確認

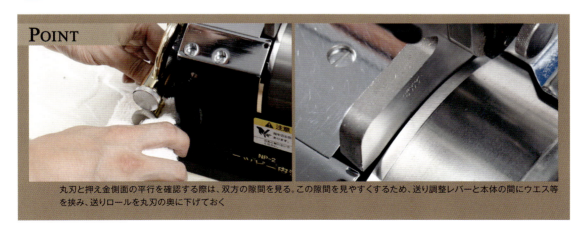

POINT

丸刃と押え金側面の平行を確認する際は、双方の隙間を見る。この隙間を見やすくするため、送り調整レバーと本体の間にウエス等を挟み、送りロールを丸刃の奥に下げておく

2.「押え金」の平行確認とセットアップ

03 「ウォームツマミ」を操作して丸刃を押え金の方へ送り、押え金と刃先の間隔を"触れるか触れないか"に調整する。この間隔が分かりにくい場合は「押えハンドル」と「厚さ調整ネジ」を操作し、押え金と丸刃の"上下の間隔"を"触れるか触れないか"に調整する

04 押え金と刃先の間隔を"触れるか触れないか"に調整した状態で、押え金の前端側・後端側と刃先の間隔を確認する。双方の間隔が同じであれば、丸刃と押え金の側面は平行。双方の間隔が異なる場合は平行が出ていないので、以降で解説する手順で平行を出す

押え金の平行出し

05 押え金ホルダーの付け根両サイドにある、押え金ホルダーの動きを制御する「ロックネジ」をドライバーで僅かに緩める

漉き機をベストな状態に導く、点検とセットアップ **SECTION.1**

06 **05**で緩めたロックネジの両サイドにある、押え金ホルダーの角度を決める計4本の「イモネジ」をドライバーで調整し、押え金の角度を丸刃と平行に揃える（※具体的な調整方法は、以下の"CHECK"を参照）

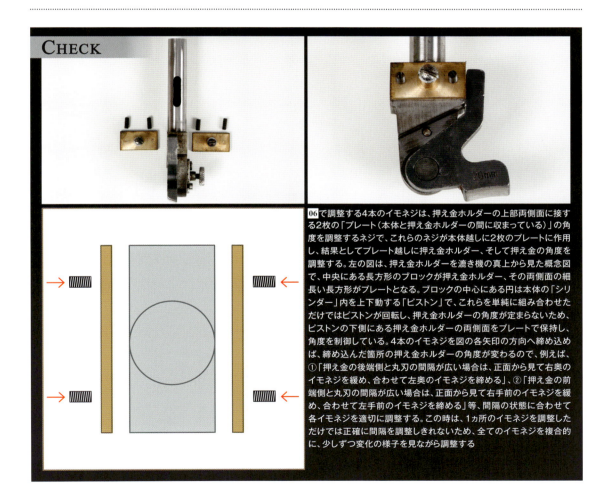

CHECK

06で調整する4本のイモネジは、押え金ホルダーの上部両側面に接する2枚の「プレート（本体と押え金ホルダーの間に収まっている）」の角度を調整するネジで、これらのネジが本体越しに2枚のプレートに作用し、結果としてプレート越しに押え金ホルダー、そして押え金の角度を調整する。左の図は、押え金ホルダーを漉き機の真上から見た概念図で、中央にある長方形のブロックが押え金ホルダー、その両側面の細長い長方形がプレートとなる。ブロックの中心にある円は本体の「シリンダー」内を上下動する「ピストン」で、これらを単純に組み合わせただけではピストンが回転し、押え金ホルダーの角度が定まらないため、ピストンの下側にある押え金ホルダーの両側面をプレートで保持し、角度を制御している。4本のイモネジを図の各矢印の方向へ締め込めば、締め込んだ箇所の押え金ホルダーの角度が変わるので、例えば、①「押え金の後端側と丸刃の間隔が広い場合は、正面から見て右奥のイモネジを緩め、合わせて左奥のイモネジを締める」、②「押え金の前端側と丸刃の間隔が広い場合は、正面から見て右手前のイモネジを緩め、合わせて左手前のイモネジを締める」等、間隔の状態に合わせて各イモネジを適切に調整する。この時は、1ヵ所のイモネジを調整しただけでは正確に間隔を調整しきれないため、全てのイモネジを複合的に、少しずつ変化の様子を見ながら調整する

2.「押え金」の平行確認とセットアップ

06の調整により、丸刃と押え金の側面を平行に揃える

07

丸刃と押え金の側面を平行に揃えたら、押え金ホルダーの付け根両サイドにあるロックネジを適度に締める

08

POINT

06で締めるイモネジは、締めれば締めるだけプレートを押え金ホルダーに押し付けるため、締め過ぎると押え金を上下に動かすピストンの動きを妨げてしまう。このため、ハンドルを上下に動かした時にピストンがスムーズに上下動し、なおかつ押え金をつかんで左右に動かす力を加えた時、押え金がぶれない程度の締め具合に調整する

3.「丸刃」の点検とセットアップ

革の床面を実際に漉く「丸刃」は、漉き機の中で最も重要な機構の一部である。この丸刃は、「ドライブベルト」を介してモーターの動力を受ける「ナイフシャフト」の端に固定されているが、その取り付けや各部の調整が不適切だと、前後左右の方向にガタや動く余地が出て、漉きムラやトラブルの原因となる。

丸刃へ写真のように両手の指先をあて、赤い矢印で表した横方向に力を加えてガタを見る。僅かでも動く余地があれば、以降の手順で修正する（※青い矢印で表した縦方向のガタは、指先で力を加えるだけでは確認しづらいため、p.27で解説する手順で確認する）

POINT

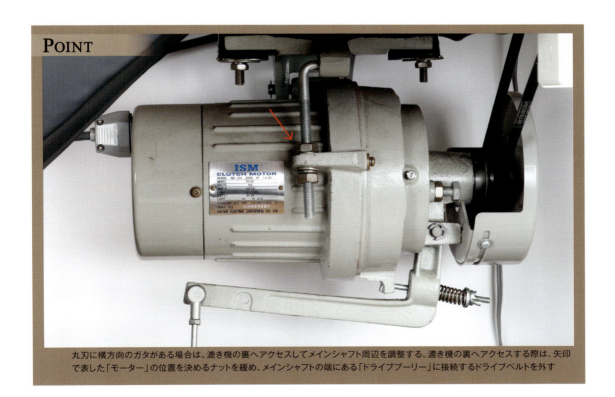

丸刃に横方向のガタがある場合は、漉き機の裏へアクセスしてメインシャフト周辺を調整する。漉き機の裏へアクセスする際は、矢印で表した「モーター」の位置を決めるナットを緩め、メインシャフトの端にある「ドライブプーリー」に接続するドライブベルトを外す

3.「丸刃」の点検とセットアップ

ドライブベルトを外し、本体を後方へ倒す

01 前頁の"POINT"で表したナットを、右写真程の位置へ移動するまでオープンレンチで緩める

02 モーターを上方に持ち上げ、モーターの端にあるプーリーからドライブベルトを外す。メインシャフトの端にあるドライブプーリーから、ドライブベルトを取り外す

漉き機本体の後方にある蝶番を軸に、本体を両手で支えて後方へ慎重に倒す。本体は重量があるため、勢いよく倒して破損しないよう注意する

03

メインシャフト各部の調整

04 メインシャフト右側にある「ナイフシャフト（＝丸刃が取り付けられたシャフト）」を固定する「ナット（＝大きなリング状のナット）」の、スリット部を締める六角穴付きボルトを六角レンチで緩める。ボルトが正面に無い場合は、ドライブプーリーを回してスリット部のボルトを正面にする

05 ドライブプーリーを回し、**04**と同じナットの側面にある「止めネジ（イモネジ）」を六角レンチで緩める。ナットを固定するボルトとネジを緩めることで、ナットを動かすことができる

06 ナットとその右隣にある「ウエイト」の隙間にマイナスドライバーを差し入れ、ナットを丸刃側に軽く動かして、ナットとその左隣にある「リングナット」間の隙間を詰める

07 **06**の隙間を詰めた後、**05**で緩めた止めネジを軽く締める

08 続けて、**04**で緩めた（スリット側の）ボルトをきつく締める

3.「丸刃」の点検とセットアップ

POINT

07と08でナットのボルトとネジを締めた後、ドライブプーリーを手で回してメインシャフトの動きを確認する。プーリーを回す手を離した直後、メインシャフトが一回転して止まる程度が適切な状態で、手を離した直後に回転が止まるようでは抵抗があるため、08で締めたボルトを一旦緩めた後、適度に締め直す

ドライブベルトの取り付け

09 02と逆の手順で、ドライブベルトをドライブプーリーとモーターのプーリーに掛ける。モーターを下ろした（吊り下げた）状態で、モーターの重みでドライブベルトにテンションを掛け、01で緩めたナットを締める

10 ナットを締めることでドライブベルトのテンションを徐々に強め、指でベルトを押した際に1cm程度内側へ入り込むテンションにする。下にあるロックナット（右写真参照）を締め込み、モーターの位置を固定する

縦方向のガタを確認する

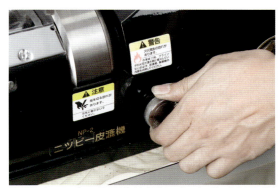

11 グラインダーの「調整棒」を操作し、グラインダーを丸刃に"触れるか触れないか"の位置に調整する

12 丸刃を回転させ、回転する丸刃の側面を爪で軽く押した際、丸刃が奥に動いてグラインダーと接触するかどうかで、丸刃の縦方向の微細なガタ（p.23の青い矢印のガタ）を確認する

13 丸刃の側面を爪で軽く押した際、丸刃が奥に動いてグラインダーと接触し、火花が出た場合は縦方向のガタがある

POINT
回転する丸刃の側面を爪で押すことに抵抗がある場合は、適当な木ベラ等で丸刃の側面を押すと良い

丸刃、縦方向のガタの修正

14 ウォームツマミを操作し、動きが渋過ぎたり緩過ぎる場合に、丸刃の縦方向にガタが出る。この場合は、**01**～**03**の手順で漉き機本体を後方へ倒し、左写真の赤い矢印で表したナットをオープンレンチで締める。このナットを締め過ぎるとウォームツマミが回らなくなるため、ウォームツマミを片手で操作し、適度な抵抗を残して操作できる程度に程よくナットを締める。**11**～**13**の確認をし、ガタが無くなっていればOK。ガタが残っている場合は、次頁の**15**に進む

3.「丸刃」の点検とセットアップ

メインシャフト右側にあるナット側面の切り欠き（赤い矢印で表した箇所）へ漉き機の附属品である「主軸調整スパナー」を掛けやすいよう、ドライブプーリーを回して"ウエイトが固定された軸（①）"の位置を調整する

15

16 主軸調整スパナーをナットの切り欠きに掛け、ナットを適度に締める。p.26の"POINT"と同様、ドライブプーリーを手で回してメインシャフトの動きを確認し、プーリーを回す手を離した直後、メインシャフトが一回転して止まる程度の適切な状態に締める

POINT

ナットを締め過ぎてメインシャフトの回転が渋くなった場合は、締めたナットを半周程度緩める。そして、2つ並ぶウエイトの間に適当な木ベラや棒等を差し入れ（右写真参照）、メインシャフトを左方向へ押しやった後、再びナットを適切に締め直す。メインシャフトの回転が渋い（＝抵抗がある）まま漉き機を運転すると、メインシャフトが焼き付いて故障するため注意

漉き機をベストな状態に導く、点検とセットアップ **SECTION.1**

CHECK

丸刃（①）、ナイフシャフト（②）、ブロンズブッシュ（③）、ベアリングスリーブ（④）、各種ナット（⑤）、ウォームギア（⑥）等の構造を表した写真。上写真は各部品を組み合わせた状態で、中写真はこれを個別に分解した写真となる。前頁の"POINT"で表した工程は、下写真で表したベアリングスリーブとその内側にあるブロンズブッシュの構造によるもので、リングナットを締め過ぎるとベアリングスリーブがブロンズブッシュに食い込み、ナットを緩めるだけではブロンズブッシュを戻せなくなるため、木ベラ等を用いて物理的に食い込みを解除し、再び締め直すという理屈となる（※通常のメンテナンスでは、ここまでの分解は不要。元に戻せなくなる可能性が高いため、興味本位による分解は推奨しない）

4.「各種ベルト」の交換手順

モーターの動力をメインシャフトへ伝達する「ドライブベルト」、メインシャフトの回転力を送りロールへ伝達する「送りベルト」、同じくメインシャフトの回転力をグラインダーへ伝達する「グラインダーベルト」は、漉き機の使用を続ける内に伸び、摩耗し、そして劣化する。これらのベルトの動きが渋くなった場合は、以降の手順で交換をする。

ドライブベルトの交換手順は、前項の 01〜03 の工程に準ずる。従って、ここでは上写真の赤い矢印で表した、グラインダーベルトと送りベルトの交換手順を解説する

CHECK

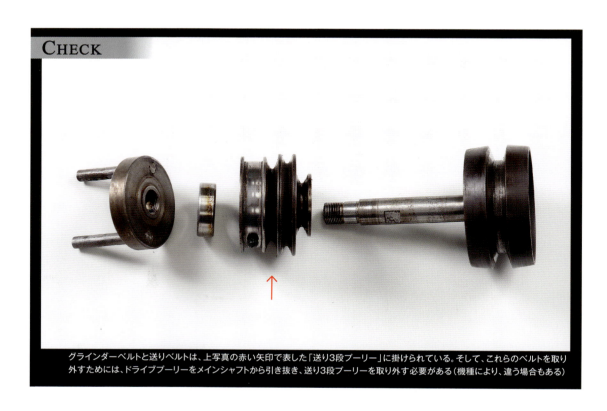

グラインダーベルトと送りベルトは、上写真の赤い矢印で表した「送り3段プーリー」に掛けられている。そして、これらのベルトを取り外すためには、ドライブプーリーをメインシャフトから引き抜き、送り3段プーリーを取り外す必要がある（機種により、違う場合もある）

SECTION.1 漉き機をベストな状態に導く、点検とセットアップ

送り3段プーリーの取り外し

ドライブベルトを取り外し、漉き機本体を後方へ倒す（前項 **01**～**03** 参照）。2つ並ぶウエイトの内、ドライブプーリー側にあるウエイトの側面にある止めネジ（赤い矢印で表した箇所のネジ）を六角レンチで緩める。ネジが正面に無い場合は、ドライブプーリーを回してネジを正面にする

01

02 続けて、送り3段プーリーの送りベルトを掛ける溝にある止めネジ（左写真、赤い矢印で表した箇所のネジ）を六角レンチで緩める

03 メインシャフト側にあるウエイトのシャフトを押さえ、メインシャフトの回転を止めた状態でドライブプーリーを手前方向に回転させ、ドライブプーリーのシャフト先端にあるネジを緩める（左写真）。ネジを完全に緩めるとドライブプーリーがフリーになるので、本体の外側へ引き抜いてこれを取り外す。ドライブプーリーを外す際、そのシャフトが中を通る送り3段プーリーが落下するため、右写真のように片方の手で支える

4.「各種ベルト」の交換手順

04 ドライブプーリーを本体外側へ引き抜いて完全に取り外し、送り3段プーリーを取り外す。これにより、グラインダーベルトと送りベルトの交換が可能となる

CHECK
グラインダーベルトが掛かるローラーのユニットを外す場合は、これにテンションを掛ける板バネを必ず元通りに組む

送り3段プーリーの取り付け

05 送り3段プーリーとドライブプーリーを取り付ける際は、ドライブプーリーのシャフトにある切り欠き部（左写真の矢印で表した箇所）へ、**02**で緩めたネジを正確に合わせる必要がある。しかし、シャフトを送り3段プーリーへ収めた後では切り欠きの位置が確認できないため、あらかじめ切り欠きのライン上にあるドライブプーリーに、マスキングテープ等で切り欠きの位置を表す目印を付けておく

06 送り3段プーリーに各種のベルトを掛け、**01**～**04**と逆の手順で送り3段プーリーとドライブプーリーを取り付ける。送り3段プーリーのネジを締める際は、**05**で付けた目印を参照してシャフトの切り欠きにネジを合わせ、右写真のようにドライブプーリーをメインシャフト側へ押し寄せて、ガタを無くした状態で締める

5.「丸刃」の研ぎ手順

送りロール、押え金、丸刃といった、漉き機の重要な機構をベストな状態にセットアップしても、実際に革を漉く丸刃の刃が鈍らでは、理想通りの良い結果を得ることはできない。丸刃を研ぐ際は、研ぐ度に丸刃の位置が異なると一定の刃が付かないため、まずは刃を研ぐ際の丸刃の位置を確定し、以降は刃を研ぐごとに丸刃をその位置へ動かし、常に確定した位置で刃を研ぐことが重要となる。

丸刃の位置を決め、表刃を研ぐ

01 押え金と刃先の間隔を"触れるか触れないか"に調整し、ウォームツマミを右方向("入"の字方向)へ正確に7回転させ、押え金と刃先の間隔を0.7mmにする(※ウォームツマミ1回転で丸刃は0.1mm動くため、右方向へ7回転させれば、押え金と刃先の間隔は0.7mmになる)

CHECK 01の状態から、ウォームツマミを左方向("出"の字方向)へ正確に2回転させ、押え金と刃先の間隔を0.5mmにセットする(ウォームギアの"遊び"を除去するため、右方向へ5回転ではなく、7回転させた後に2回転戻す)。押え金と刃先の間隔を0.5mmにして刃を研ぐと、様々な漉きに対応できる万能な刃を付けることができる

5.「丸刃」の研ぎ手順

02 押え金と刃先の間隔を0.5mmにセットしたら、油性マジックで表刃へ印を付ける

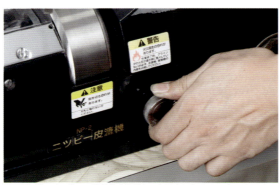

03 グラインダーの調整棒を操作し、丸刃を回転させて表刃を研ぐ

04 グラインダーが当たった箇所から表刃が研げるので、油性マジックで付けた印が一様に消えるまでグラインダーの調整棒を操作し、表刃を一皮剥くように研ぐ

SECTION.1 漉き機をベストな状態に導く、点検とセットアップ

02で付けた印が全て消えるまで研いだ後、再び表刃へ同様に印を付けて研ぎ、刃先の印が一様に消えるまで研ぐ

05

"返り"を取る

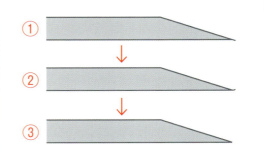

06 表刃を研ぐことで丸刃の内側に右図「①」のような"返り"（＝刃先が内側に反ってできるバリ）が出るため、漉き機の附属品である「棒砥石」を10°〜15°の角度で回転する丸刃の内面に接触させる。返りを取ると右図「②」のような返りが出るので、最後に1秒程表刃を研ぎ、右図「③」の状態にする

CHECK

棒砥石は回転する丸刃の内面へ1〜2秒程度、左写真のような角度で軽く触れさせればよい。右写真の状態では、棒砥石が刃先に当たっていないため、角度に注意しつつピンポイントで返りに当てることが重要となる

SECTION.2

トラブルを未然に防ぐ、
応用操作マニュアル

漉き機の各部を確実にセットアップしても、目的に合わせて各部を適切に調整しなければ、理想とする良い結果を得ることはできない。ここからは漉き機の性能をフルに発揮させ、不要なトラブルに見舞われることなく、より高い精度の漉きを実現するための操作方法を解説する。

1. 基本操作・調整手順の確認

革を理想通りに漉くためには、その目的に合致した押え金をセットし、押え金と刃先の間隔、押え金の角度、押え金と丸刃の間隔等を適切に調整しなければならない。漉き機の操作に慣れている方は全ての操作・調整を自然とこなしているかもしれないが、再確認の意味を込め、改めて各手順を解説する。

押え金の脱着

01 押え金を取り外す際は「押えハンドル」を上にあげ、押え金の角度を固定する「板バネ」を横にずらして押え金から外す

トラブルを未然に防ぐ、応用操作マニュアル **SECTION.2**

02 押え金の「締付けネジ」を緩め、「押え金止めピン」をロックする「錠」を後方にスライドさせて外す

03 押え金を「押え金ホルダー」から、押え金止めピンと共に取り外す

POINT

前項の「押え金の平行確認とセットアップ」で解説した通り、押え金を押え金ホルダーに取り付ける際は、双方の接触面をウエス等で丁寧に拭き、間に革の切屑等の異物を噛ませないようにする

1. 基本操作・調整手順の確認

04 取り付ける押え金に押え金止めピンを通し、押え金ホルダーにセットしてピンの先端に錠を掛ける。締付けネジをしっかりと締め、取り付けた押え金がガタつかないことを確認する。幅が広い押え金は前後でガタが出やすいため、特に念入りに締め付ける

押え金と刃先の間隔調整

05 押え金と刃先の隙間を正面から見て、「ウォームツマミ」で目的に合った間隔に調整する。この間隔を調整する際は一旦、双方の間隔を"触れるか触れないか"の0mmに調整し、ウォームツマミの回転数と目視で目的に合った間隔に調整する（※通常は基本となる0.3～0.5mmの間隔に調整しておく）

押え金の角度調整

06 ベタ漉きや斜め漉き等、目的に合わせて押え金の角度を調整する際は、押え金ホルダーの裏にある「角度調整ネジ」の「ロックネジ」を緩め、次に調整ネジを操作して角度を調整する

トラブルを未然に防ぐ、応用操作マニュアル **SECTION.2**

07 押え金の角度を調整した後は、調整ネジが動かないよう、確実にロックネジを締める

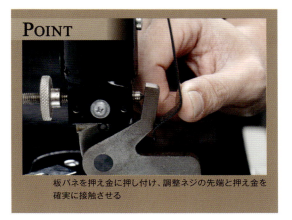

POINT
板バネを押え金に押し付け、調整ネジの先端と押え金を確実に接触させる

押え金と丸刃の間隔（漉き厚）調整

08 押えハンドルを下げ、「厚さ調整ネジ」を操作して押え金と丸刃の間隔を目的の漉き厚に調整する。調整ネジ1回転で押え金が1mm上下するため、まずは押え金と丸刃の間隔を"触れるか触れないか"の0mmに合わせ、そこから回転数（1/2回転で0.5mm、3/4回転で0.75mm等）を目安に調整する

09 調整ネジの回転数を目安に、漉き機の左側から押え金と丸刃の間隔を水平に見て、目視で調整をする

1. 基本操作・調整手順の確認

POINT

押え金と丸刃の間隔を目視する際は、漉き機の左側へ頭を移動し、目線を隙間に対して水平に合わせる

漉き機の左側へ頭を移動しても、上からの目線では正確に隙間を確認することができない（右写真は、上の水平に見た隙間に対し、上からの目線で隙間を見た状態。この状態では、押え金の厚みにより、隙間を正確に確認することができない）

上からの目線と同様、斜めに見ても隙間を正確に確認することができない

SECTION.2 トラブルを未然に防ぐ、応用操作マニュアル

2. 通常の「斜め漉き」と、精度の高い「斜め漉き」

レザークラフトのアイテム制作に欠かせない「斜め漉き」。ここでは、漉き上がりの先端の厚みと漉き幅が整った、1度で漉く通常の斜め漉きの手順と、同じ斜め漉きでも、2度に分けて漉くことで漉いた面を安定させた（水平に整えた）、より精度の高い斜め漉きの手順を解説する。

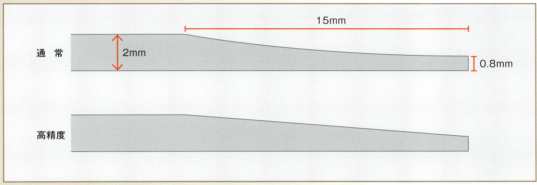

2mm厚のヌメ革、15mm幅を先端0.8mmで斜めに漉く工程を通し、通常の斜め漉きの手順を解説する。上下の図の違いは漉いた面の状態で、上は漉いた面が緩やかに傾斜した、1度で漉いた通常の斜め漉きの結果、下は先端の厚みと漉き幅が同じながらも、2度に分けて漉くことで漉きムラを無くし、漉いた面（漉き幅）を平滑に整えた精度の高い斜め漉きの結果となる

先端の漉き厚（＝押え金と丸刃の間隔）を調整する

01 斜め漉きをする際は基本的に、目的とする漉き幅よりも僅かに幅が広い押え金を使用する。従って、ここでは目的とする15mm幅よりも5mm幅が広い20mm幅の押え金をセットする。押え金をセットした後、押え金の後端と丸刃の間隔（左写真、矢印で表した位置の間隔）を、目的とする先端の厚み＝0.8mmに調整する

漉き幅(＝押え金の角度)を調整する

02 押え金の側面に定規を当て、後端から目的とする漉き幅＝15mmの位置に油性マジックで印を付ける(※押え金に付けた油性マジックの印は、後に消毒用アルコールや除光液で落とすことができる)。右写真の矢印で表した範囲が、**01**で調整した先端の厚みから、斜めに漉く15mmの漉き幅となる

03 漉く革を押え金前端の下から差し入れ、押え金の角度調整ネジを操作して、**02**で付けた印よりも先へ革が入り込まない角度に調整する

POINT 押え金の角度を調整することで先端の厚み(0.8mm)が変わるため、再び丸刃との間隔を調整する

04 **01**と**03**の工程を幾度か交互に繰り返し、大まかな調整を終えた所で、押え金の後端に「定規」をぴったり揃えて固定する

試し漉き

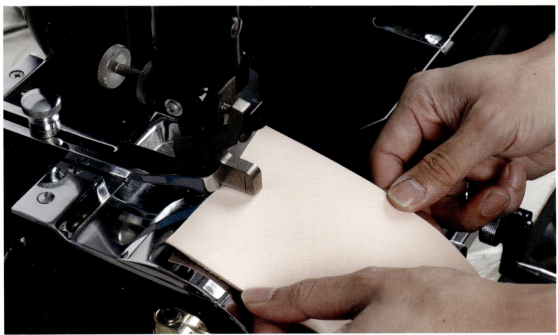

05 斜め漉きをする目的の革と同じ革の側面を定規に合わせ、革を両手で平行に支えた状態で踏板を踏み、革を自然に送って試し漉きする

CHECK

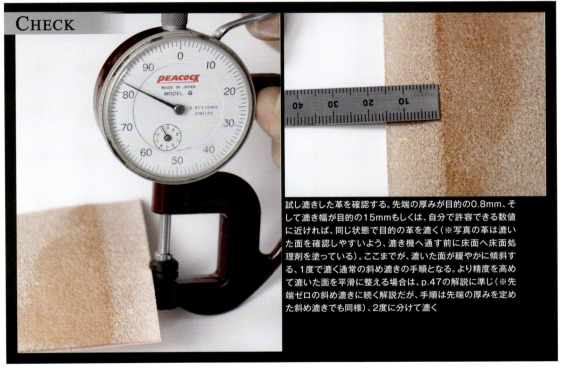

試し漉きした革を確認する。先端の厚みが目的の0.8mm、そして漉き幅が目的の15mmもしくは、自分で許容できる数値に近ければ、同じ状態で目的の革を漉く（※写真の革は漉いた面を確認しやすいよう、漉き機へ通す前に床面へ床面処理剤を塗っている）。ここまでが、漉いた面が緩やかに傾斜する、1度で漉く通常の斜め漉きの手順となる。より精度を高めて漉いた面を平滑に整える場合は、p.47の解説に準じ（※先端ゼロの斜め漉きに続く解説だが、手順は先端の厚みを定めた斜め漉きでも同様）、2度に分けて漉く

調整の手順

試し漉きをした後、各部の数値が目的とする数値から離れていた場合は再度、先端の厚み及び漉き幅を調整する。以下で、各数値が離れた4つのパターンごとの調整手順を解説する。

■ 先端が目的より厚い場合

漉き幅が適切で、先端の厚みが目的の数値よりも厚い場合は、押え金を下げて先端の漉き厚を狭める。写真のように、先端の厚みが目的の0.8mmに対し1.1mmと0.3mm厚い場合は、厚さ調整ネジを3/10回して押え金を0.3mm下げる

■ 先端が目的より薄い場合

漉き幅が適切で、先端の厚みが目的の数値よりも薄い場合は、押え金を上げて先端の漉き厚を広げる。写真のように、先端の厚みが目的の0.8mmに対し0.6mmと0.2mm薄い場合は、厚さ調整ネジを2/10回して押え金を0.2mm上げる

■ 漉き幅が目的より広い場合

先端の厚みが適切で、漉き幅が目的の数値よりも広い場合は、押え金の前端を上げて漉き幅を狭める。写真のように、漉き幅が目的の15mmに対し20mmと5mm広い場合は、押え金の角度調整ネジを操作して押え金前端を上げ、押え金が効く幅を狭める

■ 漉き幅が目的より狭い場合

先端の厚みが適切で、漉き幅が目的の数値よりも狭い場合は、押え金の前端を下げて漉き幅を広げる。写真のように、漉き幅が目的の15mmに対し10mmと5mm狭い場合は、押え金の角度調整ネジを操作して押え金前端を下げ、押え金が効く幅を広げる。ここまでの4パターン何れの場合も、先端の厚みと漉き幅の調整は互いに影響し合うため、調整と試し漉きを繰り返して細かく詰める必要がある

先端ゼロ（0mm）の斜め漉き調整

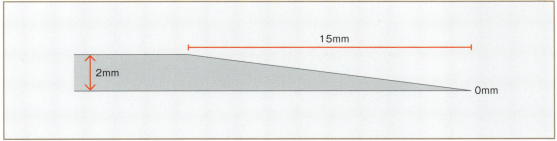

06 2mm厚のヌメ革、15mm幅を先端ゼロで斜めに漉く、通常の斜め漉きの手順を解説する。先端ゼロの漉きには限界があるが、押え金と刃先の間隔を詰めることで、ある程度まで精度を高めることができる

07 直前の先端0.8mm厚の斜め漉きと同じ20mm幅の押え金を正確にセットし、押え金と刃先の間隔を基本の0.3～0.5mm間隔から、0.1mmに調整する（※この調整は、押え金の平行が正確に出ていることが大前提となる）

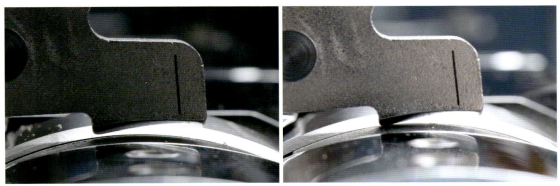

08 押え金の後端と丸刃の間隔を先端ゼロ＝"触れるか触れないか"の0mmに調整し、**03**と同様に漉き幅＝15mmの印よりも先へ革が入り込まない角度に調整する。角度を調整することで押え金後端と丸刃の間隔（0mm）が変わるため、双方の調整を交互に繰り返して細かく詰める

2. 通常の「斜め漉き」と、精度の高い「斜め漉き」

試し漉き

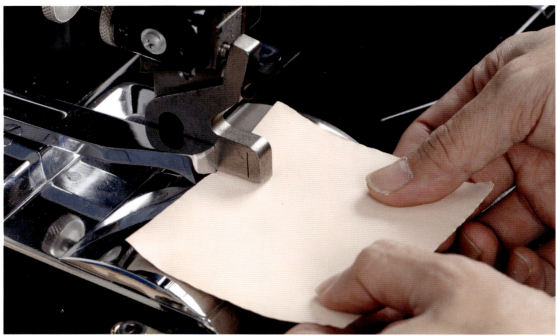

09 押え金の後端に定規をぴったり揃えて固定し、斜め漉きをする目的の革と同じ革を試し漉きする

CHECK

試し漉きした革を確認する。先端の厚みが目的のゼロ、そして漉き幅が目的の15mmもしくは、自分で許容できる数値に近ければ、同じ状態で目的の革を漉く（※先端ゼロ＝0mmを厳密に測定することは不可能なため、漉いた箇所を見た状態及び、先端に近い箇所を測定した数値で判断する）。各部の数値が目的とする数値から離れていた場合は、p.44の「調整の手順」の解説に準じ、調整を繰り返して精度を詰める

漉きムラの軽減方法①

斜め漉きをした際に漉きムラが気になるという場合は、2度に分けて漉くことで漉きムラを軽減し、精度を高められる。ここでは、直前の先端ゼロの斜め漉きを2回に分けて行なう手順を解説する。

1回目の漉きの調整

07〜08の調整をした後に厚さ調整ネジを1/2回転させ、押え金を0.5mm上げた状態で1回目の漉きを行なう

2回目の漉きの調整

1回目の漉きを終えた後、厚さ調整ネジを1/2回転させて押え金を0.5mm下げ、目的とする数値のセットで2回目の漉きを行なう

1回目の漉きの結果

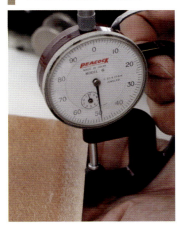

1回目の漉きにより、目的の革は先端0.5mm、漉き幅10mm弱に漉き上がる。先端の厚みと漉き幅共、目的の数値には当然至らないが、2回目の漉きで双方の数値を目的に合わせる

2回目の漉きの結果

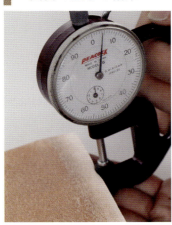

1回目の調整以前の調整（=07〜08の調整）が正確であれば、その調整で一度に漉いた場合より、漉いた面のムラを軽減することができる。漉きを2回に分けることで漉きムラを軽減できる理由は、次頁の「漉きムラの軽減方法②」で解説する

漉きムラの軽減方法②

押え金の「革と接する凹曲面」と送りロールの「革と接する凸曲面」が揃っていないため、革に対する送りロールの"当たり"が不均一になり、斜め漉き時に漉きムラが生じる。この漉きムラを軽減する場合は、直前の解説のように2回に分けて漉くか、送りロールの角度を調整する。

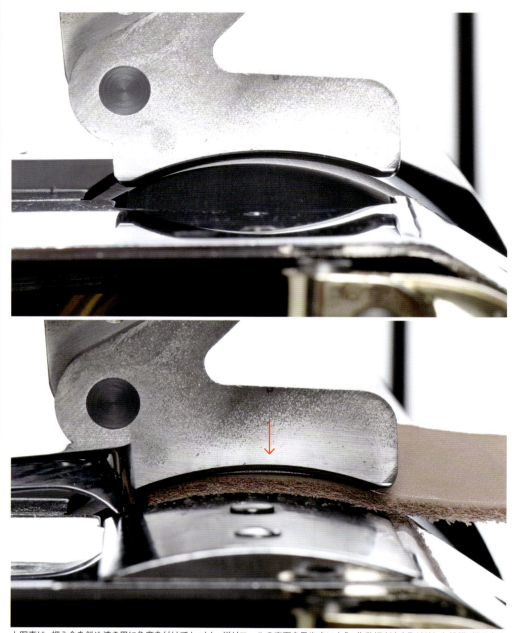

上写真は、押え金を斜め漉き用に角度を付けてセットし、送りロールの表面を見やすいよう、作動板（A）を取り外した状態。押え金の「革と接する凹曲面」と送りロールの「革と接する凸曲面」のラインが揃っていないことが確認できる。この状態で革を漉くと、下写真の矢印で表した隙間のように押え金が完全に効いていない箇所が生じ、送りロールの当たりが不均一になるために漉きムラが生じる。この症状は厚い革を1回で薄く漉く場合や、使用する押え金の幅が広い場合に顕著に現れるため、これを軽減するためには直前の解説のように2回に分けて漉くか、次頁のように送りロールの角度を調整する必要がある

SECTION.2 トラブルを未然に防ぐ、応用操作マニュアル

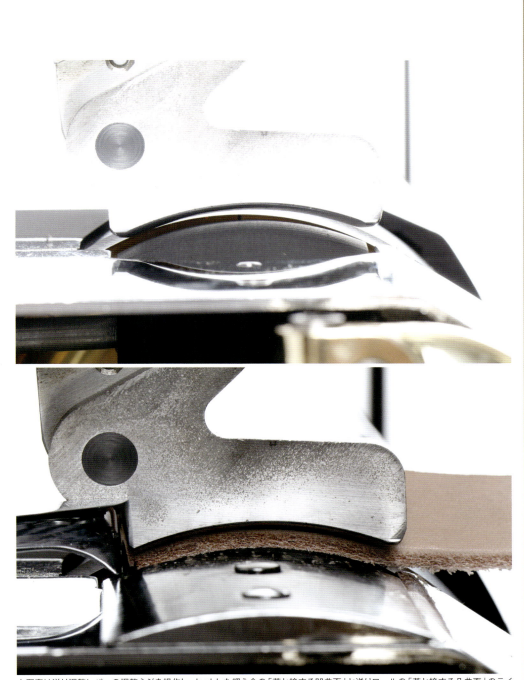

上写真は送り調整レバーの調整ネジを操作し、セットした押え金の「革と接する凹曲面」と送りロールの「革と接する凸曲面」のラインを揃えた状態。この状態で左頁下写真と同じ革を漉くと、押え金が革に対して均等に効き（前頁下写真の矢印で表した隙間が消え、送りロールの当たりが均一になる）、漉きムラが軽減される。前頁下写真のように明確な隙間が確認できなくとも、斜め漉きをする際には送りロールの当たりが不均一な箇所＝送る力と押え金の効きが不均一な箇所が生じている場合は、その結果が漉きムラとして現れる（※各部のセットアップが適切になされている場合）

3. 精度の高い「段漉き」

革の側面をへり返して処理する際に必須となる「段漉き」。革の側面をへり返す際は、段漉きした面に漉きムラがあるとその影響がへり返した表面へ波打つような凹凸となって表れるため、ここでも前項の斜め漉きと同様、漉きムラの発生を極力抑えた精度の高い段漉きの手順を解説する。

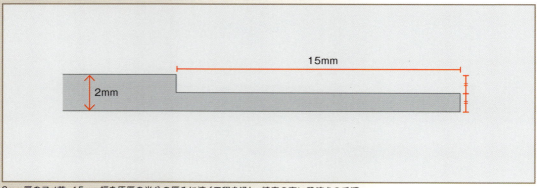

2mm厚のヌメ革、15mm幅を原厚の半分の厚みに漉く工程を通し、精度の高い段漉きの手順を解説する。押え金と刃先の間隔は、基本の0.3mm〜0.5mmとする

漉き厚（＝押え金と丸刃の間隔）を調整する

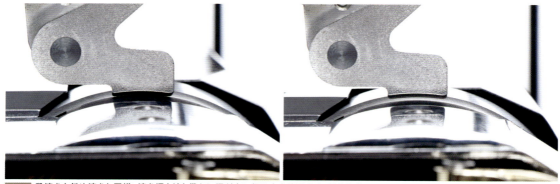

01 段漉きも斜め漉きと同様、漉き幅よりも僅かに幅が広い押え金を使用する。目的とする15mm幅よりも5mm幅が広い20mm幅の押え金をセットし、押え金の「革と接する凹曲面」と丸刃側面の「凸曲面」のラインを平行に揃える。押え金と丸刃の間隔を"触れるか触れないか"の0mmに調整した後、厚さ調整ネジを1回転させ、押え金と丸刃の間隔を目的とする漉き厚＝1mmに調整する

トラブルを未然に防ぐ、応用操作マニュアル　SECTION.2

漉き幅の目印を付ける

02 押え金の側面に定規を当て、前端から目的とする漉き幅＝15mmの位置に油性マジックで印を付ける

定規をセットする

03 02で付けた印の位置に、定規を合わせる

試し漉き

04 段漉きをする目的の革と同じ革の側面を定規に合わせ、革を両手で平行に支えた状態で踏板を踏み、革を自然に送って試し漉きする

CHECK

試し漉きした革を確認する。漉いた面の厚みは目的の1mm、そして漉き幅は、目的の15mm＋1mmという数値に収まっている。へり返しを目的とする段漉きの場合、へり返した折り目の目減り分を考慮して漉き幅＋1mm程の上がりを目指す。15mmぴったりに揃えたい場合は、定規の位置を印よりも1mm、押え金の前端側に動かして漉く

段漉きのNG例①

段漉きの調整は斜め漉きよりも単純だが、革の送り方を誤ると、ギン面に跡を付けてしまう。

漉く革を送る際、革を上に反らせてしまうと、押え金前端の当たりがきつくなり、ギン面に右写真のような跡が付いてしまう

段漉きのNG例②

上記NG例①の跡を避けるため、革を意識して下に反らせて送ると、ギン面の跡は避けられるものの、床面に悪影響を及ぼしてしまう。

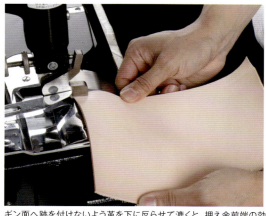

ギン面へ跡を付けないよう革を下に反らせて漉くと、押え金前端の効き(押さえ加減)が甘くなり、調整した漉き幅以上に漉ける箇所が出てしまう(右写真の左は適切に漉いた革の床面、右は下に反らせて漉いた革の床面。漉き始めは特に押え金が効かず、厚みを残したい所まで刃が食い込んでえぐれている)

NG例②の解消方法

左頁で解説した「NG例②」の漉き始めの"えぐれ"は、革を両手で平行に支え、自然に送った場合にも生じることがある。その場合は漉き始めのみ、以下の方法で対処する。

漉き始める際、丸刃を回転させずに漉く革の端を押え金の下に合わせる。右写真のように押え金前端の革（矢印で表した箇所）を浮かせ気味にして踏板を踏み、革を送り始めた後はすぐに革を平行に戻す

薄い段漉きの調整

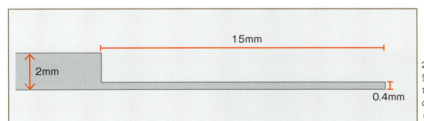

2mm厚の革を0.4mmに漉く等、一気に薄く段漉きする際のトラブル及び、その解決方法を解説する。以降の解説は薄い段漉きの他、柔らかい革（特にクロム鞣しの革等）を漉く手順にも該当する

05 **01**と同じ要領で、押え金と丸刃の間隔を一旦0mmにした後、目的とする漉き厚＝0.4mmに調整する。**02**と同じ要領で、押え金の前端から目的とする漉き幅＝15mmの位置に油性マジックで印を付ける。押え金と刃先の間隔は直前の段漉きと同様、基本の0.3mm〜0.5mmとする

3. 精度の高い「段漉き」

06 押え金に付けた印へ定規をぴったり揃えて固定し、段漉きをする目的の革と同じ革（ここでは、柔らかいクロム革）を試し漉きする。一辺を漉き終えたら、角で向きを変えてもう一辺も同様に漉く

CHECK

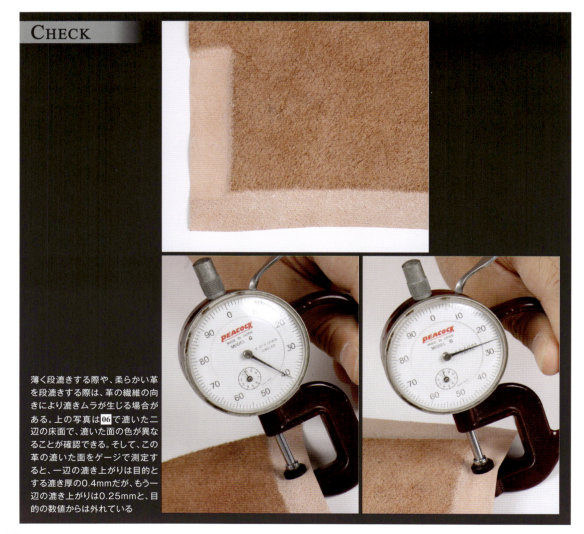

薄く段漉きする際や、柔らかい革を段漉きする際は、革の繊維の向きにより漉きムラが生じる場合がある。上の写真は06で漉いた二辺の床面で、漉いた面の色が異なることが確認できる。そして、この革の漉いた面をゲージで測定すると、一辺の漉き上がりは目的とする漉き厚の0.4mmだが、もう一辺の漉き上がりは0.25mmと、目的の数値からは外れている

漉きムラの解消方法

07 左頁の"CHECK"で表した漉きムラを解消するため、**05**と同じ調整状態のまま、基本の0.3mm～0.5mmに調整した押え金と刃先の間隔のみを0.1mmに調整する

CHECK

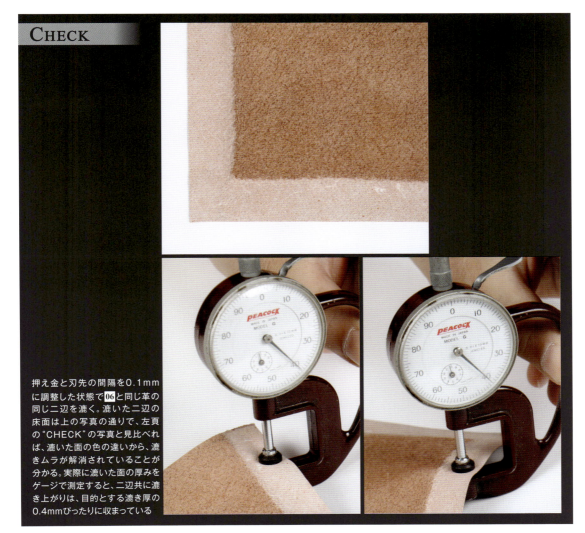

押え金と刃先の間隔を0.1mmに調整した状態で**06**と同じ革の同じ二辺を漉く。漉いた二辺の床面は上の写真の通りで、左頁の"CHECK"の写真と見比べれば、漉いた面の色の違いから、漉きムラが解消されていることが分かる。実際に漉いた面の厚みをゲージで測定すると、二辺共に漉き上がりは、目的とする漉き厚の0.4mmぴったりに収まっている

4. パーツの四辺を漉く際のトラブルと解決策

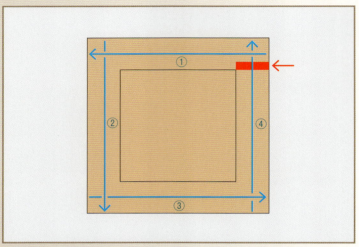

切り出したパーツの四辺を続けて漉く際、最後の一辺の終わりで革が切れるというトラブルが起こることがある。ここでは、そのようなトラブルが起きる原因と、解決策を解説する。

正方形のパーツの四辺を①〜④の順で青い矢印の方向にへり漉きする際、最後の一辺である④の矢印の辺の終わり、赤い矢印で表した赤い着色箇所が切れるというトラブルが起こる

CHECK

上の図で表したトラブルが、実際に起こった革の床面。革を裏返しているために切れている箇所の位置は異なるが、上の図の①〜④の順で青い矢印通りにへり漉きをすると、赤い着色箇所が写真のように切れてしまう

革が切れる原因

左頁で解説したトラブルは、漉いている革の厚みが薄くなる瞬間に起こる。以下の写真は、そのトラブル時における革の状態及び、トラブルの原因となる送りロールの状態の変化を表している。

漉いている革の厚みが徐々に減り、最初に漉いた薄い辺へとつながる手前の状態。この状態では、押え金と送りロールの間に漉く革の厚みが残っているため、押え金と送りロールが正常に効いて革を漉くことができる

上の状態から先へ進み、最初に漉いた辺へつながる瞬間の状態。この瞬間、押え金と送りロールの間にある革の厚みが急激に減るため、押え金が正常に効かなくなる＝これまでと同様に革を送ることができなくなる

押え金が効かなくなると、これまでは押え金と送りロールで送っていた革が、送りロールと丸刃によって送られるようになり、革は丸刃の内側へ送られる漉き屑に引かれてしまう

直前の状況により、ほぼ漉き上がった薄い革を切ってしまう。つまりこのトラブルは、漉く革の厚みが急激に減ることで押え金と送りロールが正常に効かなくなることに起因する

4. パーツの四辺を漉く際のトラブルと解決策

トラブルの解決策

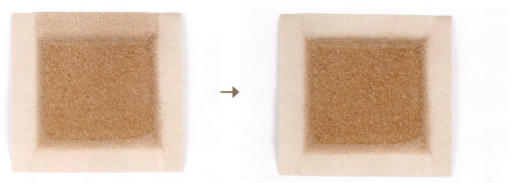

前頁のトラブルを解決（予防）するためには、最後の一辺を漉く際の厚みの変化を少なくする。つまり、最後の一辺をそれまでの三辺と同様に漉くのではなく、p.47の「漉きムラの軽減方法①」と同様に厚さ調整ネジを操作し、2～3回に分けて徐々に薄く漉けば、このトラブルを解決することができる

5. 精度の高い「中漉き」

ロングウォレットやハーフウォレット等の二つ折り財布、またブックカバー等を制作する際、二つ折りする箇所を「中漉き」することが多い。ここでは、精度の高い中漉きの方法を解説する。

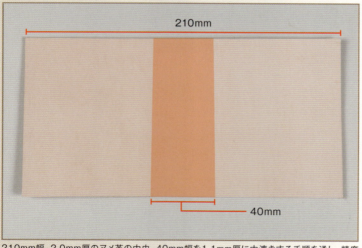

210mm幅、2.0mm厚のヌメ革の中央、40mm幅を1.1mm厚に中漉きする手順を通し、精度の高い中漉きの方法を解説する

押え金の調整

01 漉き幅（40mm）より10mm幅が狭い30mm幅の押え金を、角度を丸刃と平行に揃えてセットする。押え金と刃先の間隔を基本の0.3〜0.5mm、押え金と丸刃の間隔を目的とする漉き厚＝1.1mmに調整する

定規をセットする

02 押え金の後端と（漉き機の）定規の端（革をあてる端）の間隔を85mmにセットする。この数値は、革の幅（210mm）から中漉きする幅（40mm）を引き、その数値（170mm）を2で割って算出している

CHECK

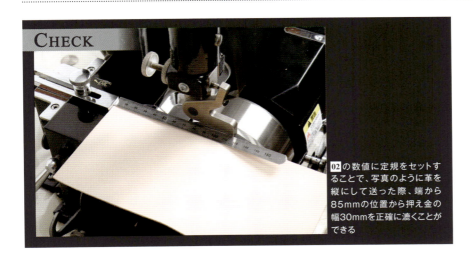

02の数値に定規をセットすることで、写真のように革を縦にして送った際、端から85mmの位置から押え金の幅30mmを正確に漉くことができる

5. 精度の高い「中漉き」

試し漉き

03 中漉きをする目的の革と同じ革の側面を定規に合わせて試し漉きし、厚み（1.1mm）を確認する。漉きムラがある場合は、p.72〜の「ベタ漉き」、**01**〜**03**の手順で調整をする

1回目の漉き

04 中漉きをする目的の革を、**03**と同様に漉く

CHECK

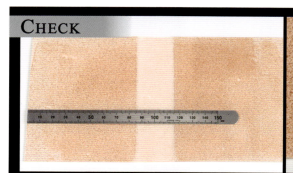

04の1回目の漉きの結果、定規に合わせた革の端から85mmの位置を境に、革の中央へ掛けて30mm幅を漉くことができる

2回目の漉き

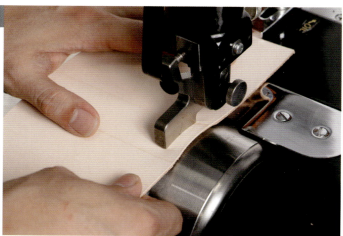

05 革の向きを変え、**04**で定規を合わせた辺の反対側の辺を定規に合わせ、**04**と同様に漉く（※ギン面に付いた傷に関しては、次頁以降で解説する）

トラブルを未然に防ぐ、応用操作マニュアル SECTION.2

CHECK

05の2回目の漉きの結果、目的通りに210mm幅の革の中心、40mm幅を正確に中漉きすることができる

ギン面の傷

革を漉く際、中漉きに関わらず革のギン面に傷が付く場合がある。この傷は押え金の端（両端）が革に食い込むためにできる傷で、これを解消するためには押え金を加工する必要がある。

漉く革の種類や漉きの種類、各部の調整、使用する押え金の種類によっては、各写真のような傷をギン面に付けてしまうことがある

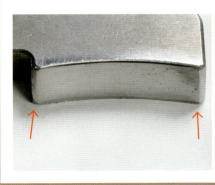
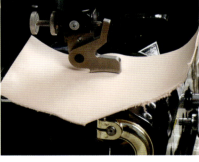

革を漉く際、革はどうしても物理的に押え金の方向へ反り、押え金の端（左写真の矢印で表した箇所）が革に食い込んでしまうため、上記2点の写真のような傷がギン面に付く。この傷を解消するためには、より目的とする漉きに適切な押え金を使用するか、次頁で解説する方法で押え金を加工する

6.「押え金」の加工

「#400のダイヤモンド砥石」及び「#400～#1,000の耐水ペーパー」を使用し、ギン面に傷を付ける"押え金の革に食い込む箇所"を研削・研磨加工することで、革への食い込みを和らげる。ここでは前項の中漉きに使用した、ギン面に傷を付けた30mm幅の押え金を加工する

ここでは、直前の中漉きで付いたようなギン面の傷を解消する、押え金の革に食い込む箇所を整える加工手順を解説する。しかし、加工の手順を誤った場合、押え金を本来の目的通りに使えなくしてしまうため、加工を実践する際はあくまでも自己責任であることを認識してほしい。押え金の加工は、漉き機を扱う上で特別なことではなく、漉き機を仕事で扱う職人は目的に合わせ、加工した押え金をいくつも使い分けている。実際、メーカーの取扱説明書にも押え金の加工について記載されている箇所があるので、押え金は加工して当然のものと捉え、漉き機をより有効に活用したいのであれば、押え金の加工を試みることを推奨する。

POINT

#400のダイヤモンド砥石を平面に置き、その表面に水を吹き付けて充分に馴染ませる

トラブルを未然に防ぐ、応用操作マニュアル **SECTION.2**

01 加工する押え金の革との接触面を、水を馴染ませたダイヤモンド砥石の面にぴったりと合わせる。押え金が研削加工途中でグラつかないよう、右写真のように両手でしっかりと押さえる

02 押え金を**01**の右写真のように押さえた状態のまま、前後へ交互に動かして革に食い込む接触面（押え金の両端）を研削する

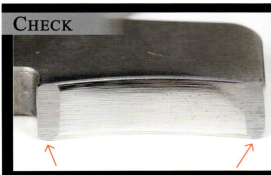

CHECK

02の研削加工により、p.61「ギン面の傷」のカコミの左下写真、2つの矢印で表した押え金両端を、3mm幅程度均等に研削して平滑に均す（※内側の凹曲面は砥石に当たらないため、研削されずにそのまま面が残る）

6.「押え金」の加工

03 平面上に厚めの床革（または適度に柔らかい生地）を敷き、その上へ#400の耐水ペーパーを敷く。耐水ペーパーに水を馴染ませ、**02**と同様にして押え金の革との接触面を研削する

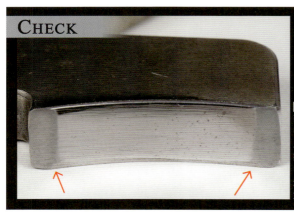

CHECK

03の研削加工により、**02**の研削加工で研削面の周囲に付いた鋭いエッジを滑らかに整える（※耐水ペーパーの下に敷いた床革がクッションとなり、押え金の研削面が適度に沈むことで、鋭いエッジのみを重点的に均すことができる）

04 **03**と同じ床革の上へ、次は#1,000の耐水ペーパーを敷く。耐水ペーパーに水を馴染ませ、**03**と同様にして押え金の革との接触面を研磨する

トラブルを未然に防ぐ、応用操作マニュアル **SECTION.2**

05 04の研磨加工を終えたら、押え金を写真のように両側面へ傾けて研磨する

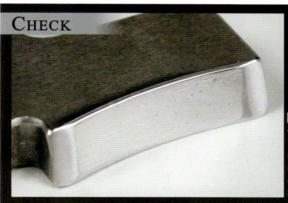

CHECK

04〜05の研磨加工により、研削面周辺の細かいエッジや"バリ"を落とし、押え金の革と接触する箇所をさらに平滑に整える（前頁の"CHECK"の状態を、この写真の状態になるまで整える）

CHECK

加工の効果を確かめるため、前項の中漉きと同じ条件、同じ手順で試し漉きをする。結果は写真の通りで、左の革が前項で中漉きした革、右が加工した押え金で漉いた革となる。革に食い込む押え金の両端を平滑に整えたため、目で見て明らかに分かる筋状の傷が穏やかに収まっている。しかし、まだ目立つ筋状の跡が残っているため、同じ押え金をさらに次頁で加工する

6.「押え金」の加工

06 #400のダイヤモンド砥石を使い、押え金を丸刃側の面へ傾けて、側面のエッジ（2つの矢印で表した箇所のエッジ＝角）を1mm程度研削加工する

07 03～04と同じ要領で06の研削面の周辺を研削・研磨加工し、周辺のエッジや細かい"バリ"を落とす

CHECK

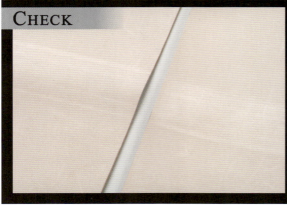

加工の効果を確かめるため、再び前項と同じ条件、同じ手順で試し漉きをする。結果は、左の革が最初の加工（02～05）後の押え金で中漉きした革、右が追加工（06～07）後の押え金で漉いた革となり、前頁の"CHECK"で確認できた、押え金の影響による筋状の跡は消えている。僅かに確認できるギン面の跡＝"テカリ"は、押え金の接触による「摩擦」が原因で、これは次項の処置で解消できる。なお、これまでの加工手順は一例であり、漉きの目的によって加工方法は様々に変化する。例えば、斜め漉きの際にギン面へ傷が付く場合、押え金後端を加工すると原厚との境目となる箇所の漉き精度が落ちてしまうため、前端のみを適切に加工する。このように、押え金の加工方法はケースバイケースであるため、傷や跡が付く原因・理由を正確に把握し、その問題を解消するためにどのような加工をすれば良いのかを、適切に判断しなければならない

7.「ニトフロンテープ」の貼り方

漉いた革の表面に目立つ跡とは言えないまでも、漉いていない面との差異が見られる場合、その原因は押え金と革の摩擦による擦過跡である可能性が高い。ヌメ革を漉いた際、特に顕著に見られる傾向のあるこの擦過跡は、押え金の革との接触面に「ニトフロンテープ」を貼り、押え金と革の摩擦抵抗を和らげることで、その症状を和らげることができる。ここでは、前項で研削・研磨加工した押え金を元に、ニトフロンテープの適切な貼り方を解説する。

「ニトフロンテープ」とは、摩擦抵抗を軽減する"ふっ素樹脂フィルム"の片面に"シリコーン系粘着剤"を塗布した粘着テープで、ミシンの「押え足」や「送り足」にも、摩擦抵抗の軽減を目的に用いられる。ここでは、効果と耐久性のバランスが良い、日東電工の「No.903UL」を使用する

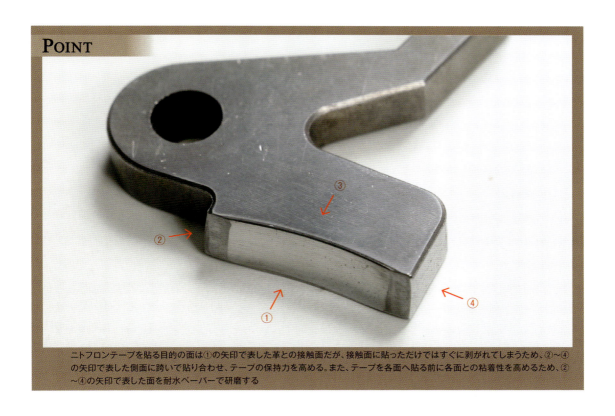

POINT

ニトフロンテープを貼る目的の面は①の矢印で表した革との接触面だが、接触面に貼っただけではすぐに剥がれてしまうため、②〜④の矢印で表した側面に跨いで貼り合わせ、テープの保持力を高める。また、テープを各面へ貼る前に各面との粘着性を高めるため、②〜④の矢印で表した面を耐水ペーパーで研磨する

7.「ニトフロンテープ」の貼り方

01 ＃1,000の耐水ペーパーに水を馴染ませ、まずは前頁の"POINT"の写真、③と④の矢印で表した押え金の側面を軽く研磨する

続けて、作業台の端等を利用し、前頁の"POINT"の写真、②の矢印で表した押え金の側面を軽く研磨する。この研磨の目的は、押え金の表面に金属加工時の油分が少なからず付着（沈着）しているため、これを落とすことにある。②〜④の3側面の研磨を終えたら、テープを貼る全ての側面を拭き取り、汚れを落として完全に乾燥させる

02

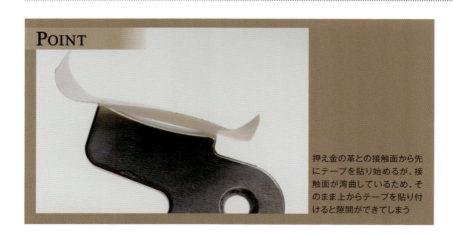

POINT

押え金の革との接触面から先にテープを貼り始めるが、接触面が湾曲しているため、そのまま上からテープを貼り付けると隙間ができてしまう

トラブルを未然に防ぐ、応用操作マニュアル **SECTION.2**

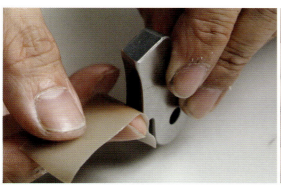 

03 テープを押え金の革との接触面より30～40mm程度長めに切り出し、接触面とテープの間に隙間ができないよう、端から順に指先で押さえ付けながら貼り合わせる

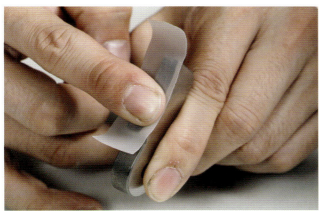

03の手順で接触面にテープを貼り合わせ、指先でしっかりと圧着する **04**

05 p.67の"POINT"の写真、②の矢印で表した側面側のテープを、側面へ貼り合わせる余地を残して切る

7.「ニトフロンテープ」の貼り方

06 p.67の"POINT"の写真、④の矢印で表した側面側のテープを、側面へ貼り合わせる7〜8mmを残して切る

07 **05**と**06**で切ったテープの端を、両側面へ折り込んでしっかりと貼り合わせる

08 押え金の送りロール側の側面にはみ出したテープに、押え金の側面までハサミを入れ、7〜8mm程度の等間隔な切り込みを入れる

09 **08**で切り込みを入れたテープを、押え金の側面へ折り込んで貼り合わせる。押え金の両端に余るテープは、**07**で折り込んだテープとつまみ合わせる(右写真参照)

トラブルを未然に防ぐ、応用操作マニュアル **SECTION.2**

10 **09**でつまみ合わせたテープの余分を、端を僅かに残して切り落とす

11 押え金の丸刃側の側面にはみ出したテープを、側面に沿ってカッターでカットする

12 送りロール側に折り込んで貼り合わせたテープを革の表面に押し当て、テープの面を均す

CHECK

写真は、ニトフロンテープを貼った押え金と、同テープを貼っていない押え金を使って同じヌメ革を漉いたギン面の比較写真。漉いた箇所が分かるよう、上側を折り返して漉いた床面を見せているが、テープを貼った押え金を使用して漉いた箇所のギン面は、床面を見なければ分からない程に、押え金の摩擦抵抗による跡が抑えられている

8. 精度の高い「ベタ漉き」

革の床面全面を均一に漉く「ベタ漉き」は、その面積如何に関わらず本来、ベタ漉きに適した漉き機を用いるべき漉きであるが、そのような漉き機は革の販売店や漉き屋さんにしか無く、ちょっとしたパーツのベタ漉きであれば、手持ちの（へり漉きに適した）漉き機を使用して済ませたいものでもある。しかし、革のギン面へ傷や跡を付けず、なおかつ均一な厚みにムラ無く漉くためには、細かい適切な調整と技術が必要となる。ここでは、そのような精度の高いベタ漉きの手順を解説する。

ここでは、1.5mm厚のヌメ革を1.0mm厚にベタ漉きする手順を解説する。ベタ漉きをする際は、丸刃の刃先のガタ付きがコンマ数ミリの漉きムラを生む原因となるため、試し漉きをする前に必ず刃先を研いでおく必要がある

押え金のセットと調整

ベタ漉きには、手持ちの中で最も幅が広い押え金を用い、革を通す回数を極力減らすことで漉きムラやギン面の跡が生じる機会を減らす。ここでは前々項の解説と同様に加工し、ニトフロンテープを貼った50mm幅の押え金を使用する。使用する押え金の角度を丸刃と平行に揃えてセットし、押え金と丸刃の間隔を目的とする漉き厚＝1.0mm、押え金と刃先の間隔を0.5mmに調整する（※押え金と刃先の間隔は、目的とする漉き厚に合わせて適宜調整する必要がある。漉き厚を1.0mmに設定した場合は、0.5mm程が適切な値となる）

01

試し漉きと調整

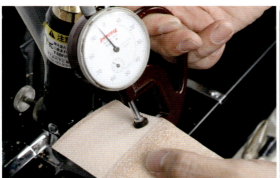 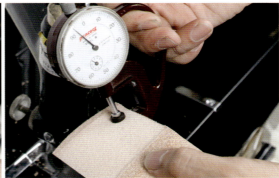

02 ベタ漉きをする目的の革と同じ革を試し漉きし、押え金の前端側で漉いた箇所と後端側で漉いた箇所をゲージで測定し、その差を見る。いくつかの対応する箇所を測定した結果、その差は0.02mmであったが、この差が大きければ大きい程、漉きムラを生む原因となるため、限りなくゼロに近付ける

03 **02**の差の調整は、押え金の角度調整で細かく詰める（※押え金の平行が出ていることが大前提となる）

実際の漉き

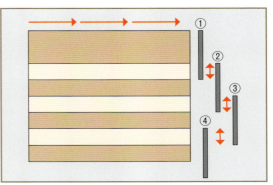

04 使用する押え金の幅一杯を使用し、複数回に分けて目的の革を漉く。図の①〜④で表したバーは押え金、数は革を通す箇所と順を表し、両矢印で表した押え金の1/3程を重ねて漉く

 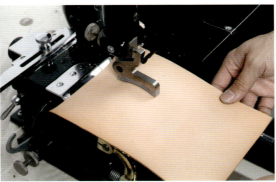

05 **04**の図、①で表した箇所を革に通して漉いた後、①で漉いた箇所へ押え金の後端側を1/3程重ね、②で表した箇所を漉く。以降は同じ要領で、③、④で表した箇所を順に漉く

漉きムラの原因と解消法

押え金と刃先の間隔を適切に調整していないと、ベタ漉きした革の床面に縞模様のような漉きムラが生じる。従って、漉きムラが生じた場合は、押え金と刃先の間隔を適切に調整する。

前頁の **05** の手順で革をベタ漉きする際、押え金と刃先の間隔を0.1mmに調整すると、床面に写真のような縞模様が表れ、漉きムラが生じる

床面に表れた縞模様の色が異なる箇所をゲージで測定すると、色の薄い箇所＝刃を2回通した箇所の厚みは1.0mm、色の濃い箇所＝1回のみ刃を通した箇所は1.1mmと、0.1mmの差＝漉きムラが生じている。このように、2回刃を通した箇所のみが谷のように薄く漉ける原因は、漉き厚に対し押え金と刃先の間隔が狭いことにある

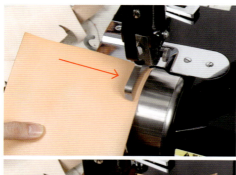

漉き厚に対し押え金と刃先の間隔が適切でないと（間隔が狭い場合）、革を通す際に革が漉き機の奥へ送られる。写真はその状態を表した例で、左上写真の矢印で表した方向へ自然に革を送ろうとしても、前述の原因により革が漉き機の奥に送られ、左下写真の矢印の方向へ革が動き、右写真の床面のような漉きが入る。しかし実際は、この革の動きを抑えるため、革を支える手に無意識に力が入り、結果として強引に革の軌道を修正することで革を漉く。その結果、革を自然に送らず、力ずくで強引に革を漉くことにより、縞模様のような漉きムラが生じてしまう

SECTION.2 トラブルを未然に防ぐ、応用操作マニュアル

漉き厚に対し押え金と刃先の間隔が狭く、左頁で解説したような漉きムラが生じた場合は、ウォームツマミを操作して双方の間隔を適切に広げる。しかし、この間隔を広げ過ぎると下に表すような新たな漉きムラが生じるため、試し漉きを繰り返して経験を積み、漉き厚に対して適切な間隔を見極める必要がある。この間隔は漉き厚の数値が同じであっても、革の質や繊維の向きによって変化するため、ベタ漉き時における漉きムラの許容範囲を自分なりに定め、とにかく経験を積んでデータを集積する他に解消する方法は無い

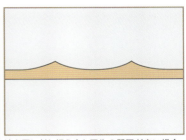

漉き厚に対し押え金と刃先の間隔が広い場合、左頁の漉きムラとは異なるタイプの漉きムラが生じる他、漉き始めで革がえぐられ、左写真の矢印で表した箇所のような新たな漉きムラが生じてしまう

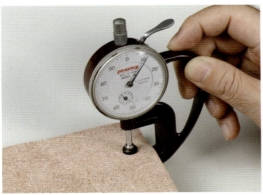 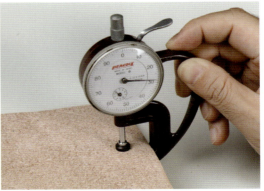

押え金と刃先の間隔が広い場合の漉きムラは、1回のみ刃を通した色の薄い箇所が1.1mm、2回刃を通した色の濃い箇所が1.3mmと、押え金と刃先の間隔が狭い場合の漉きムラとは逆に、2回刃を通した箇所のみが山となって残る漉きムラが生じる

革を送る方向

革を複数回に分けてベタ漉きする際は、革を送る方向を一定に保つ。最後の1ヵ所を漉く際、漉きやすいからと革の向きを変えてしまうと、漉きムラが生じる可能性があるので注意。

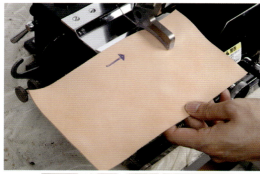

革の表面に描いた矢印の向きに注目してほしい。p.73の04〜05の手順で革をベタ漉きする際、始めの①から③辺りまでは漉き機の奥（アームの付け根部分）に革が干渉しないため、矢印の方向通り革を自然に送ることができるが、最後の④を漉く際は漉き機の奥に革が干渉して漉き辛くなるため、左下写真のように革の向きを変えて漉きたくなる。しかし、革には繊維の流れがあり、漉く方向を変えることで漉きムラが生じてしまうケースも多々ある

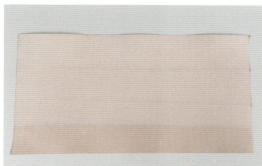

左上写真は、上記の誤った手順で漉いた革の床面。明らかに色が異なる箇所は、最後に革の向きを変えて漉いた④に該当する箇所の床面となる。実際にゲージで各所の厚みを測定すると、同じ方向で漉いた色の薄い箇所は0.48mm、最後に方向を変えて漉いた色の濃い箇所は0.57mmと、0.1mm近い漉きムラが生じていることが分かる

9.「薄いベタ漉き」の手順

漉き厚を1.0mm以下に設定した薄漉きの中でも、0.5mm以下を目指すような薄漉きは、漉き屋さんやプロの職人でも慎重を要する困難な作業となる。しかし、趣味で漉き機を扱うクラフターレベルであっても、「漉き厚0.4mmを下限」とすれば実践不可能ではない。ここでは、1.1mm厚のヌメ革を0.4mmにベタ漉きする手順を通し、薄漉き時のポイントや注意点を解説していく。

各部を調整する前に、丸刃をしっかりと研ぐ。前項と同じ、50mm幅の押え金を使用する。押え金の角度を丸刃と平行に揃えてセットし、押え金と丸刃の間隔を目的とする漉き厚＝0.4mm、押え金と刃先の間隔を正確に0.3mmに調整する。そして、ウォームツマミを正確に10回転させ、押え金と刃先の間隔を一旦、1.3mmに調整する

01

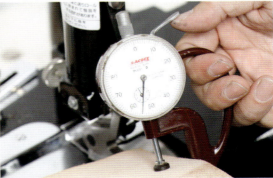

02 **01**の調整をした状態で、p.73の**05**の手順と同様に1.1mmのヌメ革を複数回に分けて漉き機に通す。漉いた革の床面には漉きムラが確認できるので、各部の厚みとその差を確認する。現状では、色の薄い谷の部分の厚みは0.55mm、色が濃い山の部分の厚みは0.65mmと、目的とする漉き厚の0.4mmには及ばず、0.1mm差の漉きムラが生じた状態となる。目的とする漉き厚の0.4mmに対し、0.1mmという漉きムラの差は大きいため、次頁の**03**の手順でその差をさらに詰める

9.「薄いベタ漉き」の手順

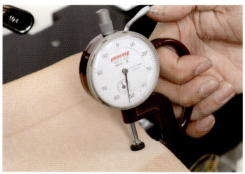

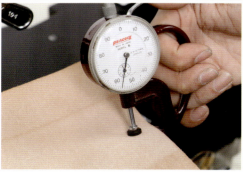

03 **01**の調整状態より、ウォームツマミを正確に3回転させ、押え金と刃先の間隔を1.0mmに調整する。**02**で革を通した時と全く同じ方向に、同じ革を通して漉く。漉いた結果を確認すると、色の薄い谷の部分の厚みは0.52mm、色が濃い山の部分の厚みは0.56mmと、目的とする漉き厚の0.4mmには及ばないものの、直前は0.1mmあった漉きムラの差が0.04mmに縮まる

03の調整状態より、ウォームツマミを正確に5回転させ、押え金と刃先の間隔を丸刃を研ぐ際の基準値である0.5mmに調整する(※丸刃を研ぐ際の押え金と刃先の間隔を、p.33で解説した0.5mmに設定していない場合は、普段丸刃を研ぐ際に設定している間隔に調整する) **04**

次の漉きで目的の漉き厚＝0.4mmに仕上げるため、直前に今一度、丸刃を軽く研いで刃先を整える。薄漉きで良い結果を出すためには、丸刃のコンディションが重要となる **05**

SECTION.2 トラブルを未然に防ぐ、応用操作マニュアル

06 04の調整状態より、ウォームツマミを正確に2回転させ、押え金と刃先の間隔を一番始めの設定値である0.3mmに調整する。02と03で革を通した時と全く同じ方向に、同じ革を通して漉く。漉いた結果は上写真と左下写真の通りで、漉きムラもなく、目的の漉き厚である0.4mmに漉き上がっている。薄漉きをする場合、一度に原厚から目的の漉き厚に漉くのではなく、徐々に厚みを減らしていくと良い結果が得られる。ただし、"押え金と丸刃の間隔＝漉き厚"を徐々に詰めて厚みを減らすのではなく、これまでの解説のように、"押え金と刃先の間隔"を徐々に詰めていくことが重要なポイントとなる

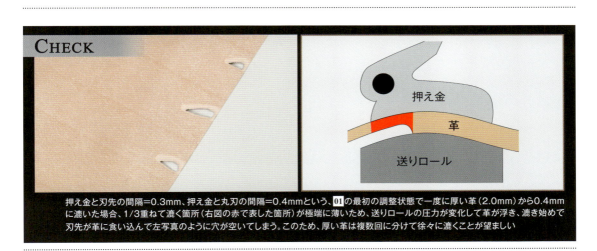

CHECK

押え金と刃先の間隔＝0.3mm、押え金と丸刃の間隔＝0.4mmという、01の最初の調整状態で一度に厚い革（2.0mm）から0.4mmに漉いた場合、1/3重ねて漉く箇所（右図の赤で表した箇所）が極端に薄いため、送りロールの圧力が変化して革が浮き、漉き始めで刃先が革に食い込んで左写真のように穴が空いてしまう。このため、厚い革は複数回に分けて徐々に漉くことが望ましい

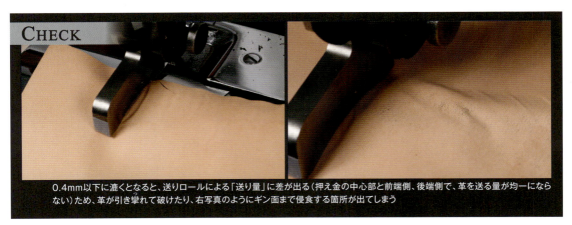

CHECK

0.4mm以下に漉くとなると、送りロールによる「送り量」に差が出る（押え金の中心部と前端側、後端側で、革を送る量が均一にならない）ため、革が引き攣れて破けたり、右写真のようにギン面まで侵食する箇所が出てしまう

10.「柔らかい革」の漉き方

クロム鞣しによる柔らかい革は、たとえ原厚が充分にあったとしても、タンニン鞣しのヌメ革のようにしっかりとしたハリとコシが無いため、漉き機に上手く通すことができないと感じている方もいるだろう。実際、慣れない手でヌメ革と同様に漉こうとすると、あっという間に送りロールと押え金の間に革が巻き込まれ、ズタズタに千切れたり破れてしまうことも多い。ここでは、そんな柔らかい革を適切に漉く際のポイントを、ベタ漉き、コバ漉き、入り組んだコバ漉きの順に解説する。

柔らかい革のベタ漉き

柔らかいクロム鞣し革をハリとコシのあるタンニン鞣し革と同様に漉こうとすると、革を送っている途中で革のあちこちにシワが寄り、送りロールと押え金の間に巻き込まれてズタズタに破けてしまう

01 柔らかい革もヌメ革と同様、ベタ漉きをする際は1/3を重ね、複数回に分けて漉き機に通す。始めに革の端を漉く際、革を送る前の段階で左写真のように、押え金の左側で革の広い面を左手の指全体で保持する。そして、押え金の中心辺りを強めに押え、革を送る量を均一に整える

SECTION.2 トラブルを未然に防ぐ、応用操作マニュアル

02 **01**の状態からある程度進んだ後は、既に送って漉いた革が押え金の右側で停滞するため、これが自然な送りを阻害しないよう、右手を添えて力を加えず、自然に革を送る補助とする。革を完全に送るまで、左手の指全体で押え金の左側を保持していれば、右写真のように革の端は難なく漉ける

POINT

革の端に続き、その下側(革の中程)を順に漉く。この時も基本的な手順は **01**〜**02**と変わらないが、革を送るにつれてその先で革が左写真のようにもたつくため、大きなシワが寄らないよう、右手で送った革を張り気味に保持しておく(右写真参照)

柔らかい革のコバ漉き

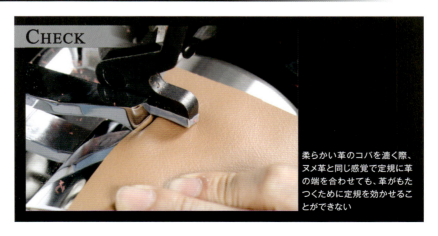

CHECK

柔らかい革のコバを漉く際、ヌメ革と同じ感覚で定規に革の端を合わせても、革がもたつくために定規を効かせることができない

10.「柔らかい革」の漉き方

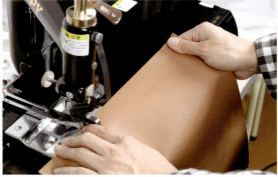

03 直前のベタ漉きのように、指全体で革を保持することはできないため、左写真のように定規と押え金が形成する角を1本の指でしっかりと押さえ、その指を常にキープしたまま革を送る。この時、送った先の革が奥へ大きく角度を変えないよう、右手でごく僅か、送った革を斜め手前に引いて張る（右写真参照）

柔らかい革の入り組んだコバ漉き

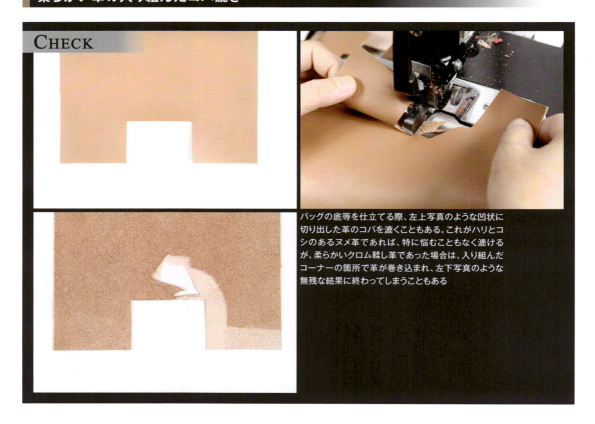

CHECK

バッグの底等を仕立てる際、左上写真のような凹状に切り出した革のコバを漉くこともある。これがハリとコシのあるヌメ革であれば、特に悩むこともなく漉けるが、柔らかいクロム鞣し革であった場合は、入り組んだコーナーの箇所で革が巻き込まれ、左下写真のような無残な結果に終わってしまうこともある

トラブルを未然に防ぐ、応用操作マニュアル SECTION.2

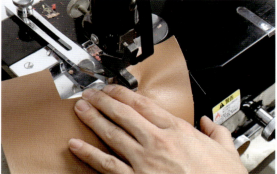

04 前頁の"CHECK"で表した凹状部のコバを漉く際は、凹状の内側、角の手前までは直前のコバ漉きと同様に漉き、左写真の位置で一旦送りを止める。そして、押え金と定規が形成する角を指で押さえ、踏板を小刻みに踏み分けつつ（※クラッチが故障するため、半クラッチは使わない）、徐々に革の角度を変えて角の部分を漉く

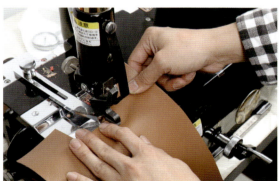

05 04の角を漉く際は、左写真のように右手で送った先の革を保持し、シワが寄らないよう革を張り気味にする。角の漉きを終えたら、次の角までは自然に革を送って漉く

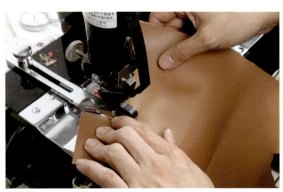

06 残りの角も04〜05と同様に漉けば、右写真のように漉くことができる

11.「厚い革」の漉き方

厚物に特化した機種でもない限り、小型の漉き機で厚い革を漉くことはできないと考えている方は多い。しかし、漉き機の構造と仕組み、そして革が漉ける理屈を少しでも理解すれば、決して無理な話ではない。ここではその一例として、4.3mm厚のヌメ革を半分以下の2.0mm厚前後に、回数を分けず一度に漉く手順と、革漉きの肝とも言える"押え金と刃先の間隔"の重要性を解説する。

> **警告** 以下で取り外す「作動板（A）」は、送りロール及び丸刃の刃先に指が接触するのを防ぐ安全確保のための部品です。これを取り外すことで、押え金と送りロールの間に指が挟まれ、重篤な怪我をする恐れがありますので、作業を実践する際は自己責任の上、充分に注意してください。

解説に用いる革は、4.3mm厚のベルト用ヌメ革。バックルを付ける際、折り返す端を苦労して手漉きしていたという方も、手持ちの漉き機でこれを一度に漉くことができるようになる

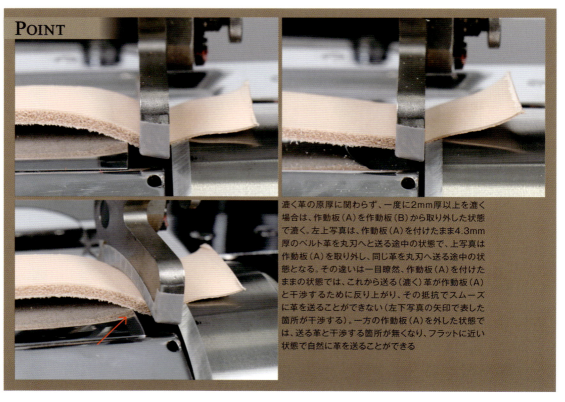

漉く革の原厚に関わらず、一度に2mm厚以上を漉く場合は、作動板（A）を作動板（B）から取り外した状態で漉く。左上写真は、作動板（A）を付けたまま4.3mm厚のベルト革を丸刃へと送る途中の状態で、上写真は作動板（A）を取り外し、同じ革を丸刃へ送る途中の状態となる。その違いは一目瞭然、作動板（A）を付けたままの状態では、これから送る（漉く）革が作動板（A）と干渉するために反り上がり、その抵抗でスムーズに革を送ることができない（左下写真の矢印で表した箇所が干渉する）。一方の作動板（A）を外した状態では、送る革と干渉する箇所が無くなり、フラットに近い状態で自然に革を送ることができる

トラブルを未然に防ぐ、応用操作マニュアル **SECTION.2**

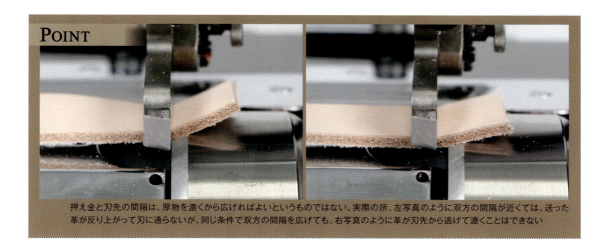

POINT
押え金と刃先の間隔は、厚物を漉くから広げればよいというものではない。実際の所、左写真のように双方の間隔が近くては、送った革が反り上がって刃に通らないが、同じ条件で双方の間隔を広げても、右写真のように革が刃先から逃げて漉くことはできない

01 上記 "POINT" を踏まえ、それではどうすれば厚い革を漉くことができるのか？ 実際に4.3mm厚のベルト革を2.0mm厚前後に漉いた調整が示す回答は、「押え金と丸刃の間隔＝目的の漉き厚＝2.0mm」、「押え金と刃先の間隔＝目的の漉き厚の半分＝1.0mm」というもので、ただ単純に「厚物を漉くから刃先を押え金から離す」のではなく、「目的とする漉き厚に合わせて押え金と丸刃の間隔を調整する」という回答が正解となる。この回答は薄い革を漉く場合にも適合し、「薄い革を漉くから刃先を押え金に近付ける」のではないということも覚えておけば、目的とする漉きの調整に悩んだ際も活路を見出すことができる

11.「厚い革」の漉き方

バックルの装着を目的でベルト革を漉く場合、端から100mm程を漉くケースが多いが、目的の状態で送りを止めると、革が押え金と送りロールの間に挟まって素直に取り外すことができなくなる。これを無理に外そうとすると漉き機や革にダメージを与えてしまうため、ここで正しい革の取り外し方を解説する。まずは、目的の長さまで漉き終えた状態で、押えハンドルを上にあげる **02**

左写真のように漉いた革を送る方向でつかみ、軽く引き上げながら踏板を踏んで送りロールを回転させると、挟まった革を素直に取り外すことができる **03**

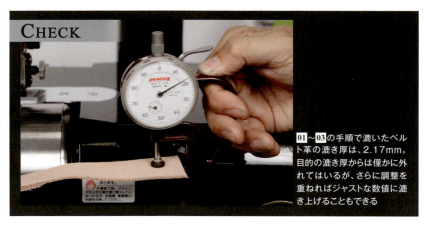

CHECK

01〜**03**の手順で漉いたベルト革の漉き厚は、2.17mm。目的の漉き厚からは僅かに外れてはいるが、さらに調整を重ねればジャストな数値に漉き上げることもできる

工業用ミシン

革漉き機と同様、家庭用ミシンや職業用ミシンとは異なるパワーを備えた工業用ミシンは、1台あれば趣味のレザークラフトの幅を大きく広げてくれる、実に便利な機械である。しかし、そのセットアップや扱いには慣れと経験を要する。ここからは、工業用ミシンを適切かつ快適に使いこなすための、セットアップや調整方法等を解説する。

CAUTION 警告

■この本は、習熟者の知識や作業、技術をもとに、編集時に読者に役立つと判断した内容を記事として再構成し掲載しています。そのため、あらゆる人が本書で紹介している作業を成功させることを保証するものではありません。よって、出版する当社、株式会社スタジオ タック クリエイティブ、および取材先各社では作業の結果や安全性を一切保証できません。作業により、物的損害や傷害を受ける可能性や、死亡する可能性があります。その作業上において発生した物的損害や傷害、死亡事故等について、当社では一切の責任を負いかねます。すべての作業におけるリスクは、作業を行なうご本人に負っていただくことになりますので、充分にご注意ください。

■本書で紹介している作業を実践する前に必ず、製品に付属する取扱説明書の「安全上のご注意」及び、「安全についての注意事項」等、安全に関わる項目を全てお読みください。

■本書で紹介しているセットアップやメンテナンスを実践する際は必ず、安全のために本体の電源スイッチを切り、電源プラグをコンセントから抜いてください。

■写真や内容が一部実物と異なる場合があります。

工業用ミシンの主要各部名称

以降の解説では、「JUKI株式会社」のシリンダーベット1本針縫上下送りミシン「DSU-144N」を使用する。ここで、各解説時に使用する同ミシンの主要各部名称をメーカーの呼称に準じて紹介する。

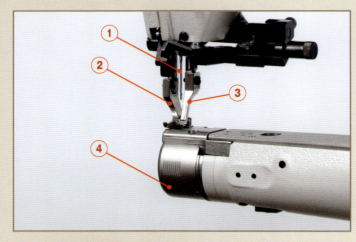

1. 針
2. 送り足（上送り）
3. 押え足
4. 釜カバー

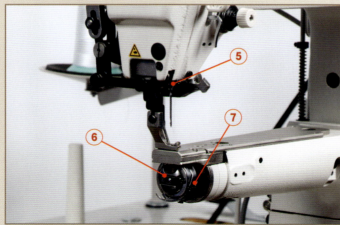

5. 針棒
6. ボビンケース
7. 釜

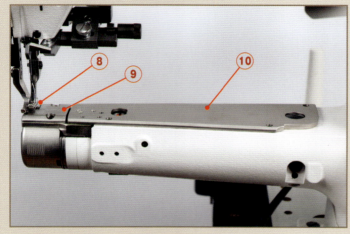

8. 送り（下送り）
9. 針板
10. ベッド上面カバー

⑪ 面板
⑫ 上下メガネ
⑬ 中軸ダルマ
⑭ 前後又
⑮ 上下メガネ

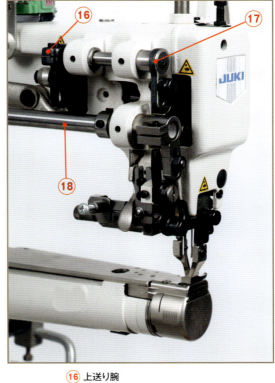

⑯ 上送り腕
⑰ 上送り軸
⑱ 中 軸

⑲ 押え調節ネジ
⑳ 上送りバネ調節ネジ

SECTION.1

ミシンをベストな状態に導く、初期セットアップ

ミシンを運転し、縫製物を一糸乱れぬ美しいステッチで仕上げるためには、使用する針や糸の選択、糸調子の調整等、様々な手順を踏む必要がある。しかし、それ以前にミシン各部のセットアップが適切になされていなかった場合は、針や糸を適切に選択し、懸命に糸調子を取ったとしても良い結果は得られない。ここでは、ミシンをベストな状態に導くための点検とセットアップ手順を解説する。

1. 注油のポイント

多種多様な部品が組み合わさり、各部が絶えず回転、上下左右に運動して機能するミシンは、各部品が摺動する箇所へ適切に油を注す必要がある。ミシンの説明書及び、本体に示されている注油口以外にも重要な注油口があるため、ここでは注油をする際のポイントを解説する。機械にとって油は、人間における血液と同様に重要なため、ミシンの運転前には必ず各部へ注油しておく。

ミシン油ボトルのノズル

01 注油に使用する油は、メーカーが販売する純正ミシン油の他、市販のミシン用と記載された油を推奨する。ミシン油の容器に樹脂製ノズルが採用されている場合は、ノズル先端へカッターで「十字」に切り込みを入れると、大量に漏れたり溢れることなく、ジワジワと適量を注すことができる

SECTION.1 ミシンをベストな状態に導く、初期セットアップ

説明書及び、本体に指示のある注油ポイント

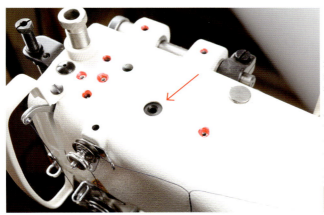

本体の各所にある赤く着色された穴は、全て注油口となる。従って、ミシンを運転する前には必ず、着色された各注油口へ少量の油を注す。他、矢印で表した上面にある黒く縁取られた大きな穴は、「上軸（メインシャフト）」への注油口であり、この注油口には赤い注油口よりも多めに油を注す

02

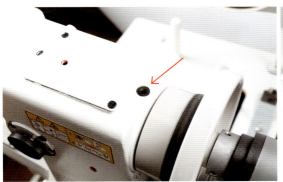 

03 左写真の矢印で表した穴も上軸への注油口であるため、赤い穴よりも多めに油を注す。また、側面カバーにある着色された注油口の下には、右写真で確認できるようなフェルトの「油溜まり」が備えられているため、このフェルト全体へ常に油を行き渡らせておく

「釜カバー」を取り外し、釜の側面にある「レース（目打ちの先で表した、筋状の突起部）」にも2〜3滴の油を注す

04

1. 注油のポイント

その他の重要な注油ポイント

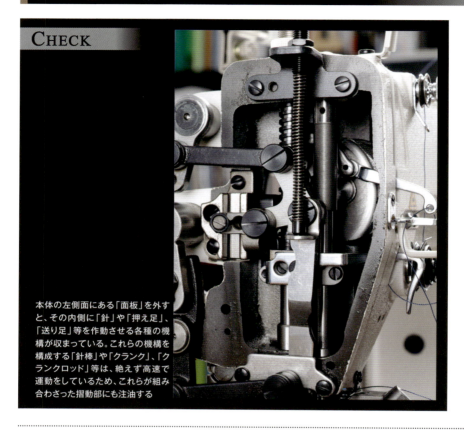

CHECK

本体の左側面にある「面板」を外すと、その内側に「針」や「押え足」、「送り足」等を作動させる各種の機構が収まっている。これらの機構を構成する「針棒」や「クランク」、「クランクロッド」等は、絶えず高速で運動をしているため、これらが組み合わさった摺動部にも注油する

針棒に動力を伝達する「針棒クランクロッド」の上側、左写真の矢印で表した「天秤クランク」に設けられた注油口に油を注す。同じく針棒クランクの下側、右写真の矢印で表した「針棒抱き」の接続部にある注油口にも油を注す。プーリー（はずみ車）を回転させると針棒クランクが動くので、各注油口を注油しやすい位置に動かし、注油口へ的確に油を注す（※面板の外し方は、p.107の**18**を参照）

05

ミシンをベストな状態に導く、初期セットアップ **SECTION.1**

針棒抱きの裏側にある「角駒（左写真の矢印で表した、ブロック状の駒）」は、本体に削られた溝（右写真の矢印で表した溝）に収まって上下動し、針棒抱き組みの動きを制御する。この角駒は溝と直に接して摺動するため、溝の摺動面に油を注す。プーリーを回転させると角駒が上下動するため、溝の内面に適量油を差した後、角駒を上下動させて油を馴染ませる

06

「上送り軸」と接続する「上下メガネ」両端の注油口（上写真の上側2つの矢印で表した箇所）及び、上下メガネの右端が接続する「L板」の、左下に接続する「押え棒抱き」の注油口（上写真の下側の矢印で表した箇所）に油を注す。続いて、下写真の2つの矢印で表した、「前後又」と「メガネ支え」を接続する「上下メガネ」両端の注油口にも油を注す。上記の各注油口は、上送り軸と「中軸」の動力を送り足と押え足に抵抗なく伝え、両者をスムーズに動かすための重要な注油ポイントとなる

07

1. 注油のポイント

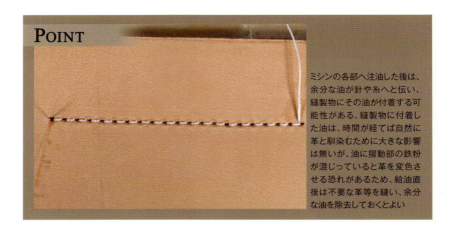

POINT

ミシンの各部へ注油した後は、余分な油が針や糸へと伝い、縫製物にその油が付着する可能性がある。縫製物に付着した油は、時間が経てば自然に革と馴染むために大きな影響は無いが、油に摺動部の鉄粉が混じっていると革を変色させる恐れがあるため、給油直後は不要な革等を縫い、余分な油を除去しておくとよい

ボビンケースの潤滑

CHECK

ボビンケースは注油ポイントに含まれていないが、縫製時には写真のように、その側面に上糸が絶え間無く接して高速移動する。このため、仮留めに両面テープを使用する場合は、糸切れや目飛びの防止を目的に、糸に浸透することなく縫製物に影響を及ぼさない潤滑剤で、糸の滑走性を高めておくとよい

POINT

ボビンケースの潤滑には、超高分子シリコーンを基剤とするスプレー式シリコーン剤、「エアーシリコーン ST-700」を使用。きれいなウエスにシリコーン剤を少量含ませ、右写真のようにボビンケースの側面を拭うようにして塗布する

ミシンをベストな状態に導く、初期セットアップ SECTION.1

ボビンケースと併せ、シリコーン剤を針にも塗布しておくと、縫製物と針の摩擦抵抗を軽減することができる

シリコーン剤を針に塗布する際、縫製物の仮留めに接着剤や両面テープ等を使用して、粘着質の接着成分が針に付着している場合は、不要なヌメ革にミシン油等を浸し、これを空縫いすると接着成分を落とすことができる

2. 針のセットと、針と釜のタイミング

縫製物を貫いて縫い穴をあける針、そして、針の位置に応じて回転する釜。これらが正しく機能して初めて、上糸と下糸が交差して縫い目を作る。しかし、針のセットを誤ったり、そもそも針と釜のタイミングが合っていないと、正確無比に縫い目を作り続けることはできない。ここでは、正しい針のセット方法と、針のセットミスや針と釜のタイミングが合っていない際に生じるトラブルを解説する。

正しい針のセット方法

針をセットする際は必ず、使用するミシンに設定された曲がり等の不具合が無い「標準針（詳細はp.98〜参照）」を使用する。針棒を最高位置に上げ、「針止めネジ」を緩める。針先近くの側面にある長溝を右写真のように右真横に向け、針を穴の奥に突き当たるまで深く差し込んだ状態で針止めネジをきつく締める

95

2. 針のセットと、針と釜のタイミング

正しい針と釜の動きと、トラブルの症例

針と釜（釜剣先）は、コンマ数ミリの関係で正しく機能する。ここではトラブル解消の参考に、正しい針と釜の動きと、針のセットミスや針と釜のタイミング調整が取れていない際のトラブルを解説する。

正しい針と釜の動き

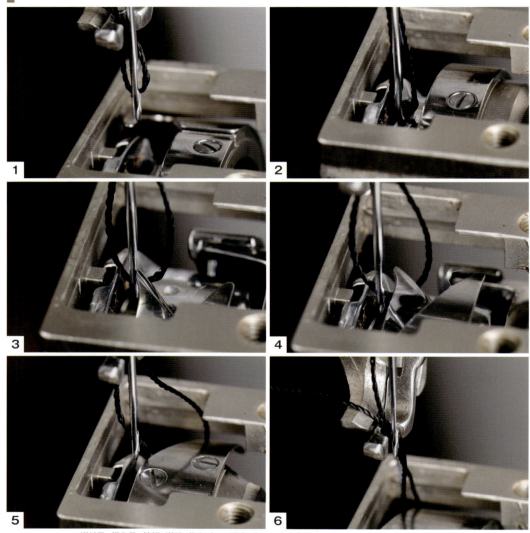

送り足、押え足、針板、送り、釜カバー、ボビンケースの各部品を取り外した状態で、正しい針と釜の動き及び、これに同調する上糸の動きを解説する。始めに1～2の上下動で、針先は最下点へ下がる。針が上がって3の位置に来た状態で、釜剣先が針の真横、針先近くの側面にある長溝の位置に移動する。そこから針が僅かに上がり、4の位置へ上がる際に釜剣先も移動し、針穴に通った上糸のループをすくう。続けて、5～6の動きで上糸が釜を通り、下糸と交差して縫い目を作る。以上が針と釜、上糸の正しい動きだが、針のセットミスがある場合や、針と釜のタイミング調整が取れていない場合は、主に3～4のタイミングでトラブルが発生する

トラブル①

「針先近くの側面にある長溝を右真横に向けていない」、「使用する針の太さが適合していない(太い)」等の場合、釜剣先が針の長溝と干渉してしまう。この場合は、何らかの接触音が発生する

トラブル②

「針がミシンに設定された標準針でない」、「糸の太さが適切でない(太い)」、「針と釜のタイミング調整が取れていない」等の場合、釜剣先が上糸を割ってしまう

トラブル③

「針を針棒の奥に突き当たるまで差し込んでいない」、「針がミシンに設定された標準針でない」、「使用する針の太さが適合していない(細い)」、「糸の太さが適切でない(細い)」、「針と釜のタイミング調整が取れていない」等の場合、釜剣先が上糸をすくわずに通過してしまう(=目飛びする)。なお、これまでのトラブル①~③の症例は、単純に針が曲がっているだけでも起こりうる

トラブル④

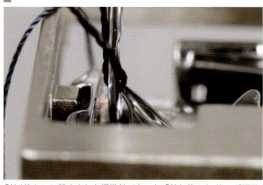 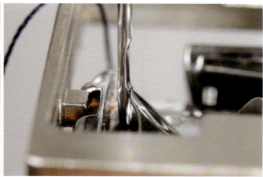

「針がミシンに設定された標準針でない」、「針と釜のタイミング調整が取れていない」場合、左頁の**3**のタイミングで針の長溝と釜剣先の位置が合わず、釜剣先が長溝の下にある針穴辺りに接触してしまう

3. 針と釜のタイミング調整

前項で解説したようなトラブルの原因となる「針と釜のタイミング」は、ミシンを運転する上で最も重要となる。新品のミシンを購入した場合や、中古であっても信頼できる販売店から購入した場合、この針と釜のタイミング調整は的確になされているはずだが、オークションで得体の知れぬ個体を購入した場合や、前項の解説に該当するトラブルが生じている場合は、以降の手順で調整することを推奨する。

調整の準備

01 針と釜のタイミングを調整するため、その周辺にある各部品を取り外す。始めに、送り足を固定するネジを緩め、送り足を取り外す

02 続けて、押え足を固定するネジを緩め、押え足を取り外す

ミシンをベストな状態に導く、初期セットアップ SECTION.1

03 針止めネジを緩め、針棒から針を取り外す

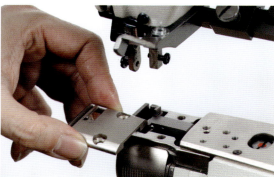

04 針板を「針板台」に固定する「針板止めネジ」を緩めて外し、針板を取り外す

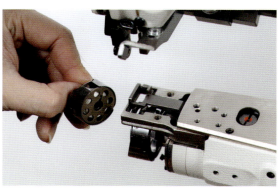

05 釜カバーを取り外し、釜からボビンケースを取り外す

3. 針と釜のタイミング調整

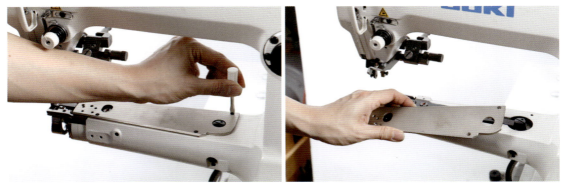

06 ベッド上面カバーを固定するネジを緩めて外し、ベッド上面カバーを取り外す

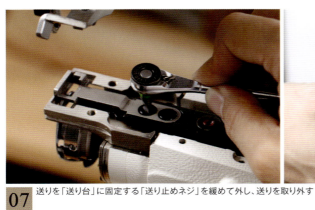

07 送りを「送り台」に固定する「送り止めネジ」を緩めて外し、送りを取り外す

送り足、押え足、針、針板、釜カバー、ボビンケース、ベッド上面カバー、送りの各部品を取り外した、写真の状態で針と釜のタイミング調整を行なう。釜や針棒の周辺が糸屑やホコリ等で汚れている場合は、調整へ入る前に清掃しておくとよい

08

ミシンをベストな状態に導く、初期セットアップ **SECTION.1**

針棒の高さ確認

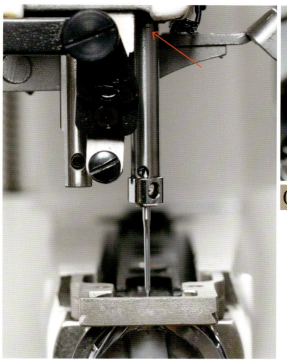

09 始めに、自分が通常使用する針の中で最も太い針を針棒に正しくセットする。JUKIのDSU-144Nを含むDSU-140シリーズのミシンは、標準針に「グロッツ・ベッケルト（社）」の「135×17」が設定されているため、同社製・同種の最も太い針または、これと互換性のある「オルガン針（社）」の「DP×17」、「シュメッツ（社）」の「135×17」の最も太い針をセットする（※この時点では134-35、DP×35という、種類の異なる針はセットしない）。上記に該当する針をセットしたら、プーリーを回転させて針棒を最下点にし（針先が最も下におりた位置にする）、針棒の左側面にある下から2つ目の「刻線（左写真の矢印で表した箇所にある）」が、本体に組み込まれた「針棒下メタル（右写真の矢印で表した箇所）」の下端と一致しているか確認する

CHECK

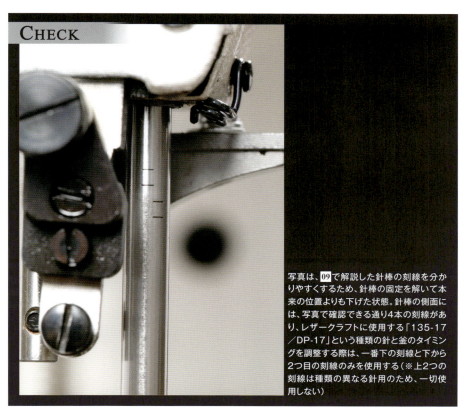

写真は、**09**で解説した針棒の刻線を分かりやすくするため、針棒の固定を解いて本来の位置よりも下げた状態。針棒の側面には、写真で確認できる通り4本の刻線があり、レザークラフトに使用する「135-17／DP-17」という種類の針と釜のタイミングを調整する際は、一番下の刻線と下から2つ目の刻線のみを使用する（※上2つの刻線は種類の異なる針用のため、一切使用しない）

3. 針と釜のタイミング調整

針棒の最下点及び、刻線の位置を確認する際は、ミシンの左横に頭を置き、針先と刻線へ交互に、自分の目線をまっすぐ合わせて確認する

10

写真は、針棒の下から2つ目の刻線と針棒下メタルの下端が一致している状態。この状態を確認したら、次の**12**の工程に進む。確認の結果、針棒下から2つ目の刻線と針棒下メタルの下端が一致していなかった場合は、p.107以降の手順で「針棒の高さ」を調整した後、次の**12**の工程に進む

11

CHECK

写真は、**11**の状態における針と針先の状態（位置）。**10**の確認の際は刻線の位置だけでなく、写真のように針先を最も下におろした状態でプーリーを細かく操作し、針棒が確実に最下点にあることも確認する

ミシンをベストな状態に導く、初期セットアップ **SECTION.1**

釜タイミングの調整

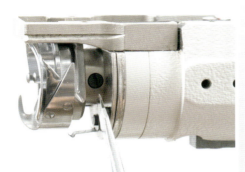 

12 釜の付け根にある3本（※機種によっては2本）の釜止めネジを緩め、釜の動きをフリーにする

プーリーを回転させ、針棒側面の一番下の刻線を、写真のように針棒下メタルの下端に合わせる

13

CHECK

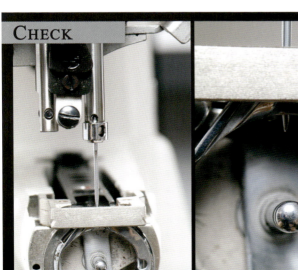 

写真は、**13**の状態における針と針先の状態（位置）。針棒の側面にある一番下の刻線と下から2つ目の刻線間の距離は2.5mmであるため、針先も最下点から2.5mm上昇する。ミシンの運転時は、針がこの位置にある瞬間に釜剣先（の先端）も針の長溝中心にあり、なおかつ双方の間隔がコンマ以下で一定の間隔を保っていなければならない

3. 針と釜のタイミング調整

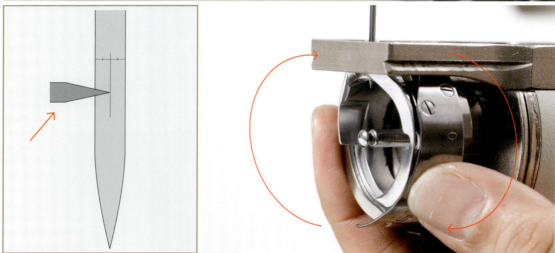

14 針棒の高さを調整し、針が前頁の"CHECK"で表した位置にある状態で、釜剣先の先端を針の側面にある長溝の中心に合わせる。左下の図は、針の長溝がある側面をミシン本体の右側面から見た概念図で、矢印で表した釜剣先の先端を、正確に長溝の中心へ合わせる。釜剣先を長溝の中心へ合わせる際は、フリーにした釜を回転する方向に動かして位置を調整する

SECTION.1 ミシンをベストな状態に導く、初期セットアップ

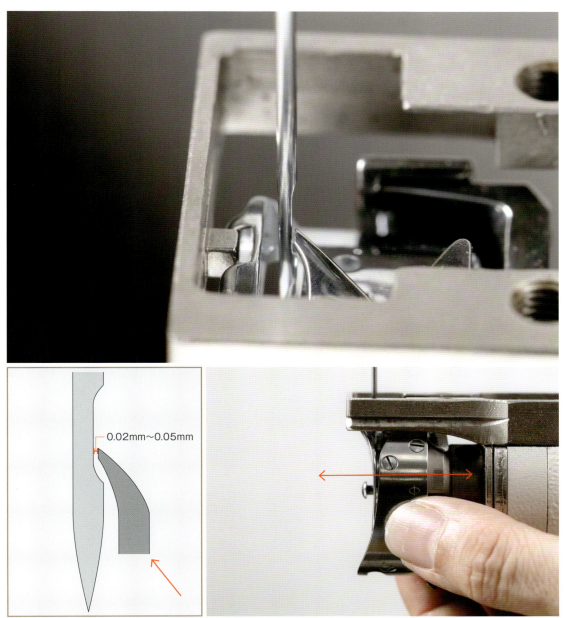

15 14で釜剣先の中心を針の長溝中心へ合わせると同時に、針の長溝の最深部と釜剣先先端の側面との間を、0.02〜0.05mmに調整する。左下の図は、針をミシン本体の正面から見た概念図で、矢印の先が釜剣先を表す。針の長溝の最深部と釜剣先先端の側面との間隔を調整する際は、フリーにした釜を左右へスライドさせて調整する

3. 針と釜のタイミング調整

この調整は、針と釜剣先が"触れるか触れないか"の位置に釜を動かし、なおかつ **14** の通り、釜剣先の中心を針の長溝中心へ合わせて固定するという非常にシビアな調整であるため、釜を固定する釜止めネジを慎重に仮締めしつつ調整を繰り返す必要がある

16

POINT

写真は、**14** と **15** の調整を同時に済ませた針と釜剣先の状態。繰り返しになるが、この調整は非常にシビアな調整であり、慣れない内は大変な時間と労力を費やす必要がある他、1回や2回では正確に調整し切れない可能性もある。調整を誤った状態でミシンを運転すると、針や釜、その他の機構を傷める恐れがあるため、自信がない方はプロに依頼することを推奨する

14 と **15** の調整を同時に済ませたら、3本の釜止めネジをきつく締めて釜を固定する

17

針棒の高さ調整

CHECK

09〜11 の「針棒の高さ確認」の結果、針棒を最下点にした状態で、写真のように針棒側面にある下から2つ目の刻線と針棒下メタルの下端が一致していなかった場合は、以降の手順で針棒の高さを調整する

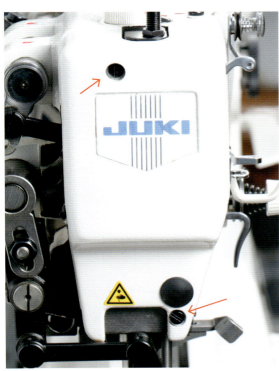

18 針棒を固定する針棒抱きにアクセスするため、ミシンの左側面にある面板を外す。まず、面板を固定する左写真の矢印で表した2本のネジを緩めて外す

3. 針と釜のタイミング調整

19 面板を取り外す。面板の内側には、「注油のポイント」の項で解説した通り、送り足や押え足、針等を作動させる各種の機構が収まっている。針棒の高さを調整する際は、右写真の矢印で表した「針棒抱き」を固定するネジを緩め、針棒の固定を解く

針棒を固定する、針棒抱きの締めネジを緩める

20

SECTION.1 ミシンをベストな状態に導く、初期セットアップ

針棒が最下点にある位置においては、針棒を上下に動かす「針棒クランクロッド（左写真の矢印で表した部品・その下端が針棒抱きに接続している）」が最も下におり、針棒と水平に揃った状態になる。従って、針棒の高さがずれていた場合は、この針棒クランクロッドが前述の状態にないため、プーリーを回転させて右写真の状態にする

21

針棒クランクロッドを**21**の状態にした後、フリーにした針棒を直接上下に動かし、針棒側面にある下から2つ目の刻線を、針棒下メタルの下端に合わせる

22

3. 針と釜のタイミング調整

22で刻線と針棒下メタルの下端を合わせる際は、針を固定する針止めネジの位置と、上糸を通す「針棒上糸掛け」の位置を正位置に揃える。そして、各位置を正しく調整したら、針棒抱きを固定する締めネジをきつく締め、針棒を固定する

23

標準針の変更方法

DSU-140シリーズのミシンは、標準針が「135×17／DP×17」に設定されているが、針棒の高さを調整することで、「134-35／DP×35」に変更することもできる。

写真のケースに収めた2本の針は、右側がDSU-140シリーズの標準針である「135×17／DP×17」、左側が「134-35／DP×35」となる。これらをそのまま付け替えただけでは使用できない理由は一目瞭然、針の長さと針穴、そして針側面の長溝の位置が全て異なるためである。具体的には、「134-35／DP×35」は針の長さ自体が標準針よりも0.9mm短く、これに伴って針穴と長溝の位置も異なっている。基本的には、どちらの種類の針も様々な番手と太さが揃っているため、針と釜のタイミング調整に使用する標準針であらゆる縫製に対応できる。しかし、どうしても「134-35／DP×35」を使いたいという場合は、次頁で解説する位置に針棒の高さを調整すれば、標準針を変更できる

135×17／DP×17

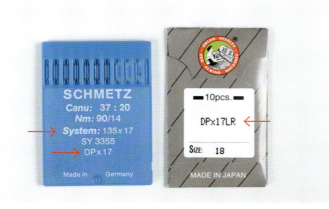

DSU-140シリーズの標準針である、「135×17／DP×17」のパッケージ。針のメーカーによって種類や番手の表記は様々だが、必ずどこかに「135×17／DP×17」の表記がある。販売店で説明を受けて購入すれば間違いは少ないが、ネット通販等で購入する場合は、より慎重に確認することを推奨する

134-35／DP×35

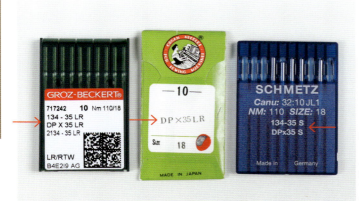

針棒の高さを変更することで使用できる、「134-35／DP×35」のパッケージ。日本のメーカーであるオルガン針は「DP×35」の表記のみであるが、ドイツのメーカーであるグロッツ・ベッケルトとシュメッツは、「134-35／DP×35」の両方が表記されている

標準針を「134-35／DP×35」に変更する場合は、p.107の18〜23の手順で針棒の高さを調整する際、針棒側面にある下から2つ目の刻線を、針棒下メタルの下端から0.9mm下げた状態で固定する。後は標準針と付け替えるのみで「134-35／DP×35」を使用できるが、この変更は標準針での針と釜のタイミング調整が済んでいることが大前提となるため、標準針で針と釜のタイミングが取れていない場合は、事前に標準針でのタイミング調整を済ませておく必要がある

送りを組む際のポイント

針と釜のタイミング調整を終えた後は、取り外した各部品を逆の手順で組み戻す。この時、送りを組み戻す際に一手間を掛けることで、送りの動きを本来の動きに整えることができる。

送りを送り台に合わせ、送りが僅かに動く余地を残して送り止めネジを仮締めする。送り止めネジを仮締め状態のまま、針板を針板台に合わせ、針板止めネジをきつく本締めする

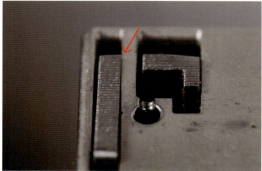

針板を固定した状態で仮固定した送りを動かすと、送りの一部が左写真のように針板と干渉する位置と、右写真のようにどこも干渉しない位置の調整が可能となる。つまり、送りを先に送り台へ本締めしてしまうと、左写真の状態であった場合に送りの動きが阻害されてしまう

送りの位置を調整し、上記右写真のようにどこも干渉しない位置に合わせた状態で、送り止めネジをきつく本締めする

ミシンをベストな状態に導く、初期セットアップ SECTION.1

4. 送り足と押え足のセットアップ

針と釜のタイミングを正確に調整し、上糸と下糸の調子を取ってベストな縫い目を作る条件を整えても、縫製物を針と釜の動きに合わせて後方へ送り、またその浮き上がりを押さえる送り足と押え足の調整が乱れていては意味がない。送り足と押え足は、縫製物の条件に合わせた様々な調整代を備えているが、まずは以降の手順で、基本となる状態にセットアップすることを推奨する。

送り足と押え足、送りのバランス調整

01 縫製物をスムーズに後方へ送るため、送り足と押え足、送りの全てが調和して動くバランスの取れた状態にする。まずは押え上げをあげ、プーリーを回して針先が針板に"入るか入らないか"の位置に調整する

02 押え上げをおろし、ミシンの裏にある「上送り軸」の端、「上送り腕」を固定する「上送り締めネジ」を緩める。このネジを緩めた後、次頁の"CHECK（上）"右写真のように送り足と押え足を整え、緩めたネジを締め直す

4. 送り足と押え足のセットアップ

CHECK
送り足と押え足は、針先が針板に"入るか入らないか"の位置にある時、右写真のように揃って針板に接している必要がある。左写真のように送り足と押え足のどちらかがずれていた場合は、02で上送り締めネジを緩めることにより、右写真の状態に整う

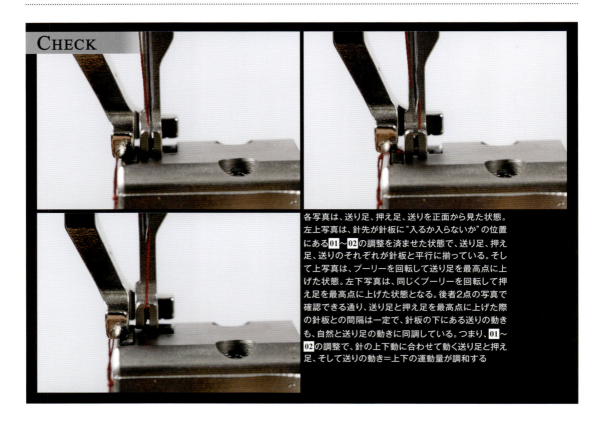

CHECK
各写真は、送り足、押え足、送りを正面から見た状態。左上写真は、針先が針板に"入るか入らないか"の位置にある01～02の調整を済ませた状態で、送り足、押え足、送りのそれぞれが針板と平行に揃っている。そして上写真は、プーリーを回転して送り足を最高点に上げた状態。左下写真は、同じくプーリーを回転して押え足を最高点に上げた状態となる。後者2点の写真で確認できる通り、送り足と押え足を最高点に上げた際の針板との間隔は一定で、針板の下にある送りの動きも、自然と送り足の動きに同調している。つまり、01～02の調整で、針の上下動に合わせて動く送り足と押え足、そして送りの動き＝上下の運動量が調和する

SECTION.1 ミシンをベストな状態に導く、初期セットアップ

送り足の前後位置調整

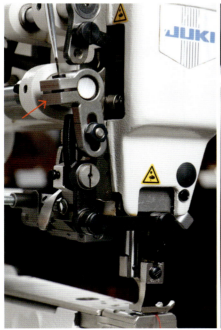

「送り調整ダイヤル」を操作して縫い目を最大にし、プーリーを回して送り足を最も前に出た状態にする。続けて、左写真の矢印で表した「中軸ダルマ」を中軸に固定する、「中軸ダルマ締めネジ」を緩める

03

03により、送り足の前後位置調整が可能になるので、送り足のカカト（後方）が押え足の背面とギリギリ接触しない位置に、送り足を動かす

04

115

4. 送り足と押え足のセットアップ

05 　送り足には両写真の差程度の調整代があるので、左写真のように送り足のカカトが押え足の背面に"触れるか触れないか"の位置に合わせ、03 で緩めた中軸ダルマ締めネジをきつく締める。双方が接触すると、送り足が足踏みをして縫製物を送れなくなるため、調整後は返し縫いをして接触しないことを確認する

送り足と押え足の高さ調整

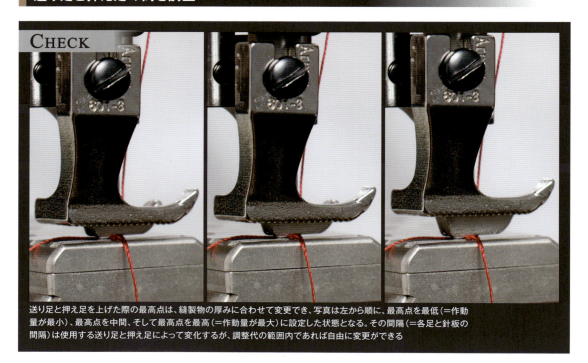

送り足と押え足を上げた際の最高点は、縫製物の厚みに合わせて変更でき、写真は左から順に、最高点を最低（＝作動量が最小）、最高点を中間、そして最高点を最高（＝作動量が最大）に設定した状態となる。その間隔（＝各足と針板の間隔）は使用する送り足と押え足によって変化するが、調整代の範囲内であれば自由に変更ができる

ミシンをベストな状態に導く、初期セットアップ **SECTION.1**

各足の高さを変更する際は、上送り腕に接続する「カムロッド」の端の「カムロッド段ネジ」をレンチで緩め、上送り腕の内側に設けられた長穴の間で、カムロッド段ネジの取り付け位置（＝各足の高さ）を決める「カムロッド段ネジナット」の位置を変更する

06

07

各足の高さは、「カムロッド段ネジの位置を上送り腕の長穴最下部にセット」すると、「最高点が最低」（左上写真の組み合わせ）、「カムロッド段ネジの位置を上送り腕の長穴最上部にセット」すると、「最高点が最高」（右上写真の組み合わせ）となる。DSU-140シリーズのミシンは通常、標準で「最高点が最低」の状態にセットされているが、本誌ではどのような縫製物にもニュートラルに対応でき、調整する必要がある際も調整の方向性が分かりやすい、「カムロッド段ネジの位置を上送り腕の長穴中央にセット」し、「最高点が最低と最高の中間」となる、左下写真の組み合わせ状態を推奨する

4. 送り足と押え足のセットアップ

送り足の送り量調整

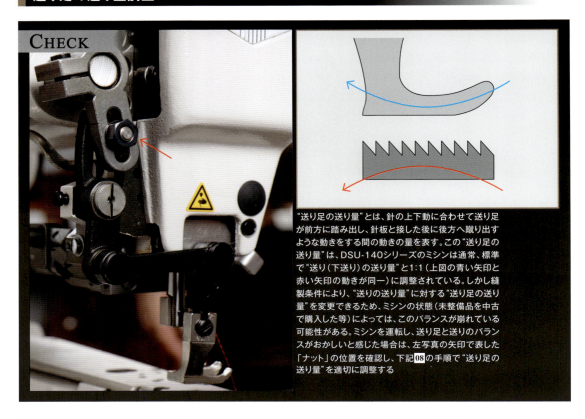

"送り足の送り量"とは、針の上下動に合わせて送り足が前方に踏み出し、針板と接した後に後方へ蹴り出すような動きをする間の動きの量を表す。この"送り足の送り量"は、DSU-140シリーズのミシンは通常、標準で"送り(下送り)の送り量"と1:1(上図の青い矢印と赤い矢印の動きが同一)に調整されている。しかし縫製条件により、"送りの送り量"に対する"送り足の送り量"を変更できるため、ミシンの状態(未整備品を中古で購入した等)によっては、このバランスが崩れている可能性がある。ミシンを運転し、送り足と送りのバランスがおかしいと感じた場合は、左写真の矢印で表した「ナット」の位置を確認し、下記08の手順で"送り足の送り量"を適切に調整する

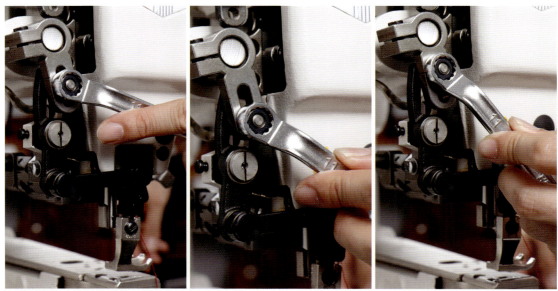

08 "送り足の送り量"を"送りの送り量"と1:1に調整する際は、上記"CHECK"で表したナットを緩め、中軸ダルマに設けられた長穴の中心に合わせた後、ナットをきつく締めて固定する。なお、縫製条件により"送り足の送り量"を"送りの送り量"よりも大きくしたい場合は、中写真のようにナットの位置を長穴の下へ、"送り足の送り量"を"送りの送り量"よりも小さくしたい場合は、右写真のようにナットの位置を長穴の上へ移動して固定する。ちなみに、このナットは中軸ダルマと「前後又」を接続する「前後角駒軸」に締付けられており、前後角駒軸の先に固定された「角駒」が前後又の間を行き来することで前後又を振り子のように動かし、さらにその先の上下メガネと送り足を動かしている

5. 押え圧力の調整と、送り傷の対処方法

送り足と押え足を基本状態にセットアップしても、縫製物によってはスムーズに送れない場合もある。この場合はまず、前項で解説した各種の調整で対処するが、どうしても上手くいかないという場合は、送り足と押え足の押え圧力を高めることで解決を試みる。しかし、それぞれの押え圧力を高めることにより、縫製物に送り足、押え足、送りによる「送り傷」を付ける可能性もある。ここでは、押え圧力の調整方法及びその考え方、そして送り傷が付く場合の対処方法を解説する。

押え圧力の調整方法

POINT
送り足の押え圧力を変更する際は、左写真で表した標準値16mm（※ネジの付け根から頭までの長さ）の「上送りバネ調節ネジ」、押え足の押え圧力を変更する際は、右写真で表した標準値25mmの「押え調節ネジ」を調整する。各調節ネジの付け根にあるロックを緩め、締め込むことで押え圧力が強まり、緩めることで押え圧力が弱まるが、送り傷を付ける可能性があるため、加減に注意する

CHECK
写真は、押え足の押え圧力を「最弱」、「標準」、「最強」の順で試し縫いをした結果のサンプル。ステッチの右側に付いた送り傷を見れば分かる通り、左端が最弱、中央が標準、そして右端が最強の圧力で試し縫いした結果となる。縫製する革の種類や、使用する押え足、送り足の種類等、縫製条件により送り傷の有無や程度は様々だが、押え圧力の強弱による影響は、この写真で単純に理解することができるだろう。次頁では、このような送り傷を付けないための対処方法を解説する

送り（下送り）による送り傷

送り足と押え足による送り傷のみならず、送りが縫製物の裏側に送り傷を付ける場合もある。写真は、試し縫いをしたヌメ革に付いた送り傷のサンプルで、完全に見過ごせない範疇の傷に該当する

送り（下送り）による送り傷の対処方法①

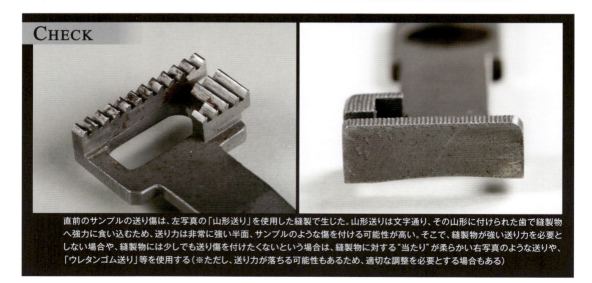

直前のサンプルの送り傷は、左写真の「山形送り」を使用した縫製で生じた。山形送りは文字通り、その山形に付けられた歯で縫製物へ強力に食い込むため、送り力は非常に強い半面、サンプルのような傷を付ける可能性が高い。そこで、縫製物が強い送り力を必要としない場合や、縫製物には少しでも送り傷を付けたくないという場合は、縫製物に対する"当たり"が柔らかい右写真のような送りや、「ウレタンゴム送り」等を使用する（※ただし、送り力が落ちる可能性もあるため、適切な調整を必要とする場合もある）

SECTION.1 ミシンをベストな状態に導く、初期セットアップ

山形送りの加工

01 直前の対処方法①のように、他に適切な送りを用意できないという場合は、実際に縫製物へ傷を付けた送りの歯を加工する。まず始めに、山形の歯の溝をハンダで埋めるため、ハンダの付きが良くなるように表面をワイヤーブラシ(鉄)で削って足付けをし、その上にフラックスを付ける

02 送り自体をハンドトーチ等で高温(使用するハンダが溶ける温度)に熱し、山形の歯の溝をハンダで隙間なく埋める

03 山形の歯の溝を完全にハンダで埋めたら、側面へ流れたハンダを各種の鉄ヤスリで丁寧に落とす。歯の表面以外にハンダを残すと、針板の隙間と干渉して送りが動かなくなるので注意

5. 押え圧力の調整と、送り傷の対処方法

送りの側面へ流れたハンダを落とした状態

04 #1,000のダイヤモンド砥石に水を馴染ませ、ハンダを埋めた送りの表面を研削・研磨して一様に均す

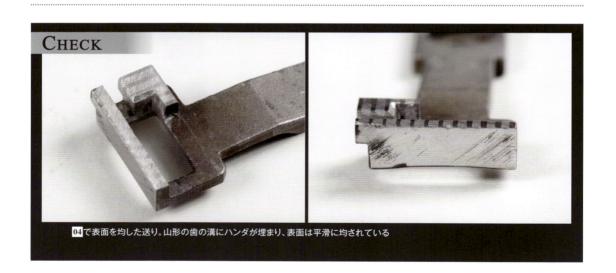

04で表面を均した送り。山形の歯の溝にハンダが埋まり、表面は平滑に均されている

SECTION.1 ミシンをベストな状態に導く、初期セットアップ

CHECK

04で研削・研磨を済ませた送りをミシンにセットし、p.120のサンプルと同じ条件で試し縫いをしたサンプル。キザギザとした山形の歯の傷は完全に消えているが、送りの表面がフラットではなかったため、高く残った面の跡が筋状に残っている（※送り傷を見せるサンプルのため、ステッチの乱れにはご容赦頂きたい）

CHECK

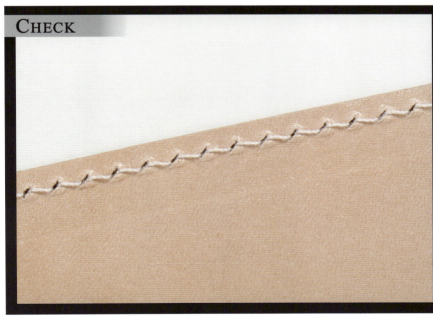

上記"CHECK"で確認した、送りの表面に高く残った箇所をさらに研削・研磨し、表面をフラットにした状態で試し縫いをしたサンプル。気になるような傷は完全に消えている。以上のような送りの加工は、成功すれば傷の発生を抑えることはできるものの、縫製対象によっては送り力が足りず、細かい調整を要す場合や、完全に縫製できないという可能性もある。加工の成否は作業の正確性に左右されるので、実践する方はあくまでも自己責任であることを認識してほしい

5. 押え圧力の調整と、送り傷の対処方法

送り足と押え足による送り傷

写真は、送り足と押え足による送り傷が付いたヌメ革のサンプル。人によっては、どちらも許容範囲という場合もあるが、解決することができるのであれば、解決したい所でもある。以下において、これらの傷の対処方法を解説する

送り足による送り傷の対処方法

05 送り足の傷は、送り足の縫製物と接する面の平面が出ていないため、平面から突出した箇所の圧力が強まって付く。従って、送り足と針板が接した状態でその間を確認し、突出して針板と当たっている箇所をピンポイントで研削加工し、接地面を広げて圧力を分散させる。左写真は加工前、右写真は加工後の送り足で、その差は非常に分かりにくいが、各写真の矢印で表した箇所を加工している。加工前は、押え足の後方には僅かな隙間があるにも関わらず矢印の箇所が針板と接しているが、加工後は後方の隙間を同じとしながらも、矢印で表した箇所が接することなく、後方と同じような隙間を保っていることに注目してほしい

ミシンをベストな状態に導く、初期セットアップ **SECTION.1**

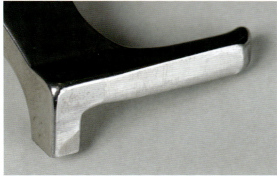

06 #1,000のダイヤモンド砥石に水を馴染ませ、**05**で確認した"平面から突出した箇所（矢印で表した箇所）"をピンポイントで研削する。変化の様子を見ながら徐々に加工を進め、途中で実際にミシンに組み、**05**と同じ状況で変化の様子を確認する

CHECK

06の研削加工をした送り足を使い、前頁の"CHECK"と同じ条件で試し縫いをしたヌメ革のサンプル。最も目立っていた送り足の送り傷は消え、押え足の送り傷がより目立つようになっている。次は、残った押え足による送り傷の対処方法を解説する

5. 押え圧力の調整と、送り傷の対処方法

押え足による傷の対処方法

07 押え足による傷も直前の送り足と同様、縫製物と接する面の平面が出ていないことに起因する。そこでまず、送り足を外した状態で押え足と針板が接した状態を作り、その間を確認して針板と当たっている箇所をピンポイントで研削加工する（写真の押え足は矢印で表した箇所を加工。右写真が加工済）

 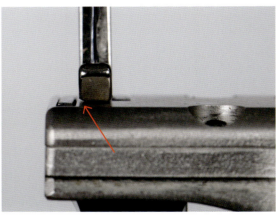

08 押え足による傷は、**07**で表した接触面の不良の他、その送り足側の側面が縫製物へ強く当たって傷を付けるケースが多い。従って、**07**で確認した突出した箇所を均すと共に、送り足側の側面を滑らかに、斜めに研削加工する（写真の押え足は矢印で表した箇所を加工。右写真が加工済）

ミシンをベストな状態に導く、初期セットアップ **SECTION.1**

09 07で表した箇所を、06の送り足と同様に研削加工する。08で表した箇所は、左上写真のように押え足を傾け、送り足側の側面（角）のみを砥石に当てる。そして、右上写真のように指を添え、研削面が斜めになるように研削する。左下写真は、左が研削加工前、右が研削加工後の押え足の針板接触面となる。結果として、針板との接触面全面を研削しているが、矢印で表した送り足側の側面は他よりも大幅に研削している

CHECK

上写真は、09の研削加工をした押え足を使い、p.125の"CHECK"と同じ条件で試し縫いをしたヌメ革のサンプル。残っていた押え足の送り傷が消え、送り足と押え足共に無加工であったp.124の"CHECK"と比べれば、その違いは歴然といえるだろう。ちなみに右写真は、上写真を裏返した送り（下送り）側の状態で、送り足を加工して接地面の圧力を分散させたことにより、送り（p.121〜で加工した送り）による跡も一層目立たなくなっている

SECTION.2

特殊な押えの使い方

カバンやバッグ、財布等の革小物の縫製に特化した工業用ミシンには、縫製する箇所に特化した様々な「押え（押え足・送り足）」が用意されている。この特殊な押えは、基本的にある特定の縫製に特化した形状であり、特定の縫製をする上においてのみ、優れた能力を発揮する。このような押えは本来、大量生産の現場で用いられる物であるが、趣味のレザークラフトでも大いに役立つ、いくつかの特殊な押えの使い方を解説する。

1.「ファスナー用押え」

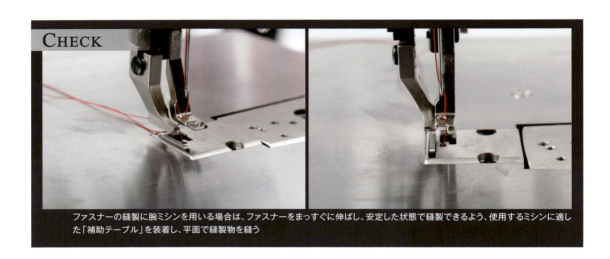

ファスナーの縫製に腕ミシンを用いる場合は、ファスナーをまっすぐに伸ばし、安定した状態で縫製できるよう、使用するミシンに適した「補助テーブル」を装着し、平面で縫製物を縫う

特殊な押えの使い方 **SECTION.2**

POINT

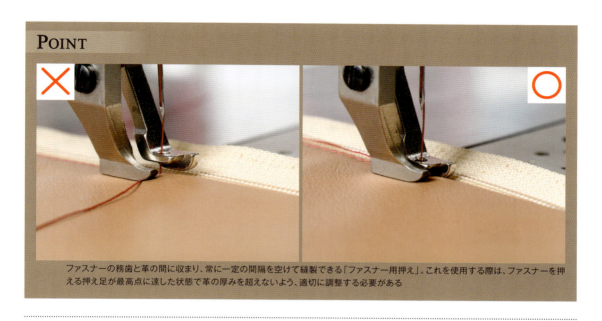

ファスナーの務歯と革の間に収まり、常に一定の間隔を空けて縫製できる「ファスナー用押え」。これを使用する際は、ファスナーを押える押え足が最高点に達した状態で革の厚みを超えないよう、適切に調整する必要がある

01 縫製物に合わせ、押え足と送り足の高さを調整する（p.116〜参照）。各足の高さを調整した後、必要に応じて押え足と送り足のバランスを調整する（p.113〜参照）

1.「ファスナー用押え」

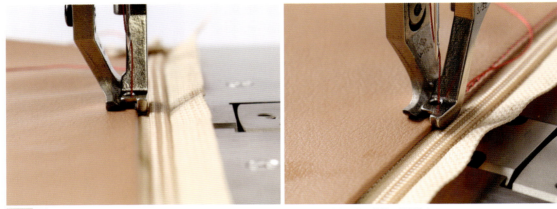

02 **01**の調整を済ませ、押え足が最高点に達した状態でも、送り足が送る革の高さを超えない状態で縫製をする

POINT

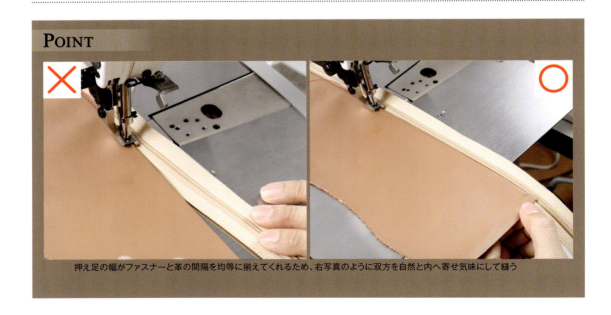

押え足の幅がファスナーと革の間隔を均等に揃えてくれるため、右写真のように双方を自然と内へ寄せ気味にして縫う

2.「爪付き押え」

縫製箇所を段にして縫い合わせる際等に、吊り定規が充分に効かない場合は、側面に爪が付いた「爪付き押え」を用いるとよい。この爪付き押えは、「左爪付き押え」と「右爪付き押え」等の種類があり、ステッチ幅や縫製物の厚みに応じ、爪の厚みや爪の幅が異なる物を選択する

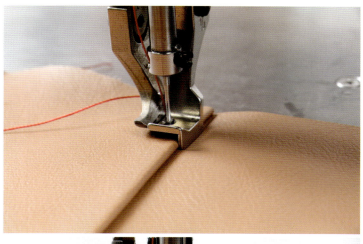

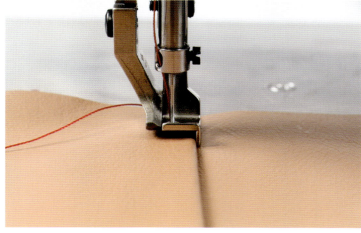

上記"CHECK"のような状況においても、爪付き押え(写真は右爪付き押え)を使用すれば縫製物を安定して縫うことができる

3.「玉縁用押え」

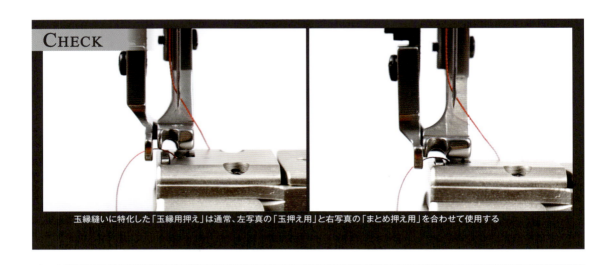

玉縁縫いに特化した「玉縁用押え」は通常、左写真の「玉押え用」と右写真の「まとめ押え用」を合わせて使用する

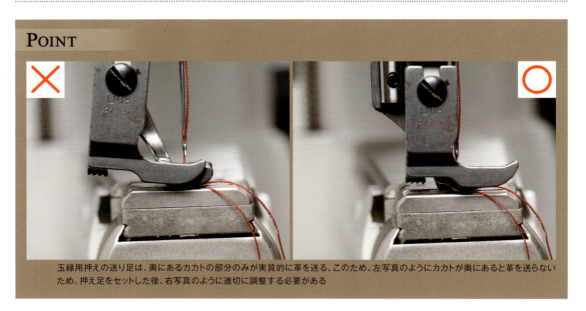

玉縁用押えの送り足は、奥にあるカカトの部分のみが実質的に革を送る。このため、左写真のようにカカトが奥にあると革を送らないため、押え足をセットした後、右写真のように適切に調整する必要がある

特殊な押えの使い方 SECTION.2

01 玉押え用の押え足と送り足をセットし、送り足のカカトが革を正確に送るよう、適切な位置に調整する（p.115〜参照）

02 玉縁にする帯状に切り出した革で、芯となる素材（写真は樹脂製のパイピング芯）を包む

POINT

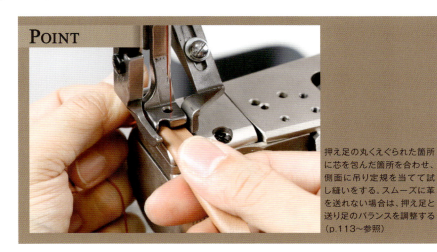

押え足の丸くえぐられた箇所に芯を包んだ箇所を合わせ、側面に吊り定規を当てて試し縫いをする。スムーズに革を送れない場合は、押え足と送り足のバランスを調整する（p.113〜参照）

3.「玉縁用押え」

03 試し縫いと調整を終えたら、実際に縫製物を縫う。針板の手前で芯材を包んだ革を自然に支え、縫製物を自然に送る

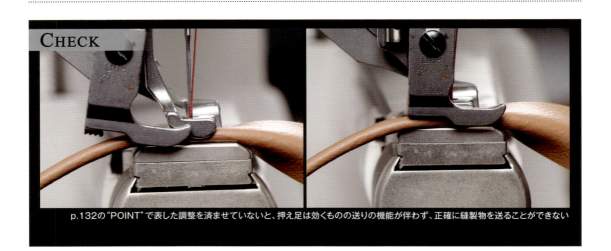

CHECK
p.132の"POINT"で表した調整を済ませていないと、押え足は効くものの送りの機能が伴わず、正確に縫製物を送ることができない

特殊な押えの使い方 SECTION.2

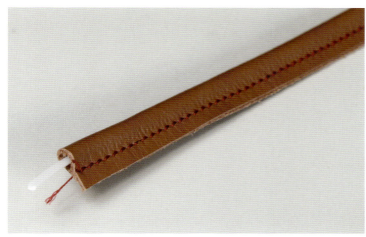

縫製を終えた玉縁。押え足のえぐれられた箇所で芯材部を押え、その側面を正確に縫い合わせることができる

04

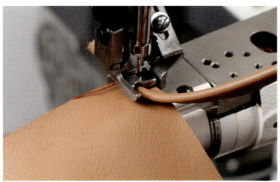 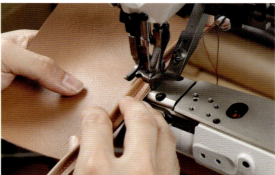

05 玉押え用の押え足と送り足をそのまま使い、革をバランスよく正確に送るよう適切に調整した後、玉縁でつなぐ革の片側を重ね合わせて縫う。玉縁の縫製時と同様、定規を併用して縫い合わせる

POINT

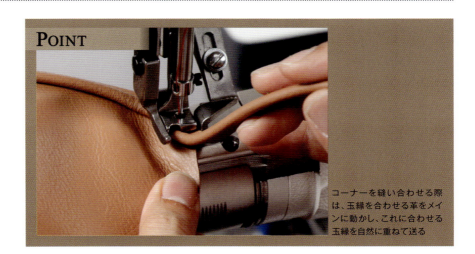

コーナーを縫い合わせる際は、玉縁を合わせる革をメインに動かし、これに合わせる玉縁を自然に重ねて送る

3.「玉縁用押え」

玉縁でつなぐ革の片側に、玉縁を縫い合わせた状態。写真のサンプルは、袋物の「底」をイメージしたサンプルとなる

06 まとめ押え用の押え足と送り足をセットし、革をバランスよく正確に送るよう適切に調整した後、玉縁でつなぐもう一方の革を縫い合わせる。左上写真のように玉縁の上へ中表で革を合わせ、05と同様、縫い合わせる全ての革の側面に定規を当てて縫う

特殊な押えの使い方 SECTION.2

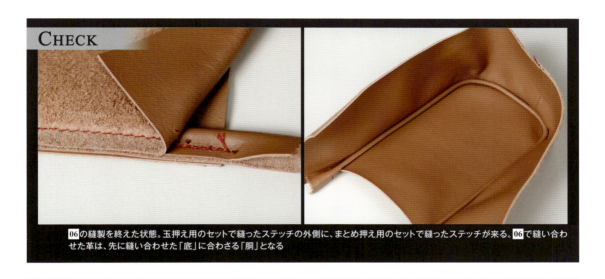

CHECK 06の縫製を終えた状態。玉押え用のセットで縫ったステッチの外側に、まとめ押え用のセットで縫ったステッチが来る。06で縫い合わせた革は、先に縫い合わせた「底」に合わさる「胴」となる

CHECK 05と06で縫い合わせた革を、玉縁を中心に返すと、玉縁がその接続部へ現れる

4.「手紐押え」

 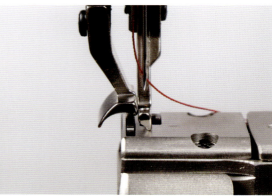

01 各写真の押えは、手紐や持ち手の縫製に特化した「手紐押え」であり、縫製工場で同じ手紐・持ち手を大量に製造するといった場合に多く用いられる

02 手紐押えは、前項の玉縁よりも太い、手紐芯を包んだ革の縫製に用いる。革の端を適切に処理した後、内側に「ガラ芯」等の芯材を包んだ状態で縫製をするが、縫い合わせる革の端は、写真の一部のように仮留めしていなくともよい

特殊な押えの使い方 SECTION.2

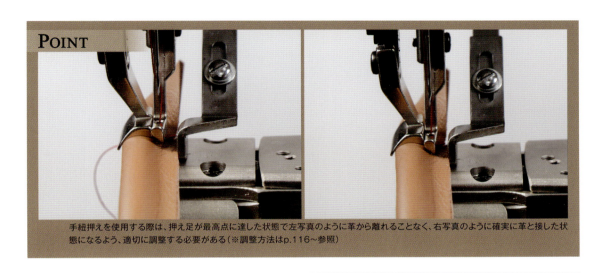

POINT
手紐押えを使用する際は、押え足が最高点に達した状態で左写真のように革から離れることなく、右写真のように確実に革と接した状態になるよう、適切に調整する必要がある（※調整方法はp.116〜参照）

03 送り足と押え足がバランスよく革を送るように調整した後、縫製物を縫製する。縫製物を縫う際は、左手の人差し指で縫製物の左側面を平行に支え、右手で自然に送りながら縫う

4.「手紐押え」

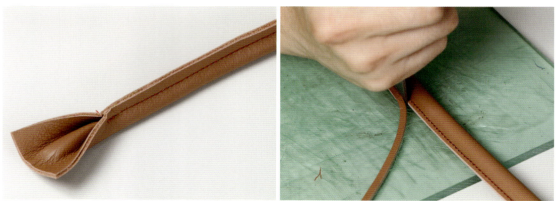

04 手紐押えを使用することで縫製物の芯際を正確に縫い、ステッチの脇に残る革の余分を裁ち落とせば、手紐や持ち手は完成となる

5.「バインダー（ラッパ）」

01 押え足、送り足とは異なるものの、これらと合わせて使う「バインダー」は、上手く活用できれば作業効率を飛躍的に高めてくれる。本来、バインダーは縫製物に合わせて製作を依頼するような道具であり、趣味のレザークラフトで扱うような物ではない。しかし、写真のようなバインダーを作ることもできるため、ここではその使い方を参考として紹介する

特殊な押えの使い方　SECTION.2

02 バインダーは主に、革のへりを革等のテープで巻く仕上げ等に用いる。この用途にバインダーを用いる際は
まず、へりに巻くテープを左写真のようにバインダーへセットし、その間にテープを縫い合わせる革を通す

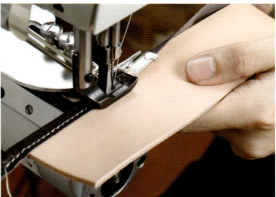

03 **02**の状態で合わせた革を自然に送れば、革のへりへ均等にテープを巻き付けると同時に、その側面を正確
に縫い合わせることができる

SPECIAL TIPS「厚みが変わる縫製物の糸調子」

縫製物の厚みが途中で変わると、厚みの変わり目を境に糸調子が大きく崩れるといった問題が生じる。ここでは、そのような問題の回避に役立つ、その原因と解決策を簡潔に解説する。

▌下糸の調子が強い状態

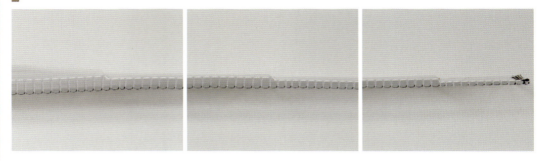

▌上糸と下糸の調子が取れた状態

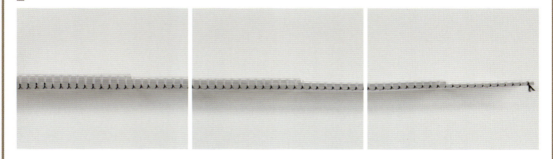

▌上糸の調子が強い状態

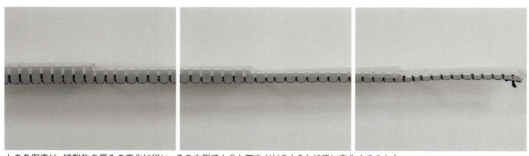

上の各写真は、縫製物の厚みの変化に従い、その内側で上糸と下糸がどのような状態に変化するのかを表すため、透明なアクリルマットを重ねて縫い、そのステッチ部を裁断して断面を見た写真となる。各見出しの状態は、それぞれ右写真の「厚みが薄い箇所」における状態を表し、全て白い糸が上糸、黒い糸が下糸となる。厚みの変化に伴う上糸と下糸の状態を見ると、何れの場合も下糸は調子の変化を受けていない（＝厚みが変わっても、縫製物へ入り込む量は変わらない）ことが分かる。従って、厚みが変化する縫製物を縫う際に糸調子を取る場合は、最も厚みが薄い箇所を基準に糸調子を取ることが望ましい

監修者紹介

革漉き機とミシンに精通した、若きエキスパート

　革漉き機や工業用ミシンのプロ（販売店・業者）とは異なる、ユーザーの立場からその扱い方やメンテナンス方法を解説した本書を監修頂いた勝村 岳氏。同氏は、趣味で始めたレザークラフトの技術を独学で磨き、各種レザー製品を製造する縫製工場及びレザークラフト材料店勤務を経た後に独立。2019年5月より出身地である宮城県にて、手縫い仕立てのレザークラフトやレザーカービングの教室「Gak.Leather works」を開講する。独学と製品製造、製品販売の現場で培った革漉き機とミシンに関わる技術と知識は膨大で、全国の著名なレザークラフターに招聘され、その教室で開催されるワークショップは常に高い評価を得ている。

勝村 岳

革漉き機や工業用ミシンの扱い及びメンテナンスに精通する他、手縫い仕立てやレザーカービング、ウェットフォーミング等の技術にも長け、全国の著名なレザークラフト教室にてワークショップを開催。2019年5月より、東北地方最大の都市である仙台市のほど近くにて、東北地方では数少ないレザークラフト教室を開講する。

SCHOOL INFORMATION

Gak. Leather works
住所：宮城県名取市名取が丘4-14-6
電話：070-2684-0480

※写真は、上記住所の教室とは別の教室で開かれた講習会の様子です。宮城県の教室は本誌発売後、2019年5月より開講されるため、興味がある方は電話にて直接、勝村氏へお問い合わせください

レザークラフターのための
革漉き機と工業用ミシン
上級セットアップ

2019年3月15日 発行

STAFF

PUBLISHER
高橋矩彦　Norihiko Takahashi

EDITOR
行木　誠　Makoto Nameki

DESIGNER
小島進也　Shinya Kojima

ADVERTISING STAFF
久嶋優人　Yuto Kushima

PHOTOGRAPHER
梶原　崇　Takashi Kajiwara（Studio Kazy Photography）

SUPERVISOR
勝村　岳　Takashi Katumura（Gak. Leather works）

Printing
シナノ書籍印刷株式会社

PLANNING, EDITORIAL & PUBLISHING
(株)スタジオ タック クリエイティブ
〒151-0051 東京都渋谷区千駄ヶ谷3-23-10 若松ビル2階
STUDIO TAC CREATIVE CO.,LTD.
2F, 3-23-10, SENDAGAYA SHIBUYA-KU, TOKYO 151-0051
JAPAN
[企画・編集・広告進行]
Telephone 03-5474-6200　Facsimile 03-5474-6202
[販売・営業]
Telephone & Facsimile 03-5474-6213

URL http://www.studio-tac.jp
E-mail stc@fd5.so-net.ne.jp

警告　WARNING

■この本は、習熟者の知識や作業、技術をもとに、編集時に読者に役立つと判断した内容を記事として再構成し掲載しています。そのため、あらゆる人が作業を成功させることを保証するものではありません。よって、出版する当社、株式会社スタジオ タック クリエイティブ、および取材先各社では作業の結果や安全性を一切保証できません。作業により、物的損害や傷害を受ける可能性や、死亡する可能性があります。その作業上において発生した物的損害や傷害、死亡事故等について、当社では一切の責任を負いかねます。すべての作業におけるリスクは、作業を行なうご本人に負っていただくことになりますので、充分にご注意ください。

■本書で紹介している作業を実践する前に必ず、製品に付属する取扱説明書の「安全上のご注意」及び、「安全についての注意事項」等、安全に関わる全ての項目をお読みください。

■本書で紹介して いるセットアップやメンテナンスを実践する際は必ず、安全のために本体の電源スイッチを切り、電源プラグをコンセントから抜いてください。

■写真や内容が一部実物と異なる場合があります。

STUDIO TAC CREATIVE
㈱スタジオ タック クリエイティブ
©STUDIO TAC CREATIVE 2019 Printed in JAPAN

●本書の無断転載を禁じます。
●乱丁、落丁はお取り替えいたします。
●定価は表紙に表示してあります。

ISBN978-4-88393-843-8